国家出版基金项目
NATIONAL PUBLICATION FOUNDATION

/ 现代引信技术丛书 /

引信可靠性研究最新进展

小子样可靠性理论的应用

引信可靠性试验案例分析

引信可靠性鉴定参考指南

国家出版基金项目

/现代引信技术丛书/

引信可靠性研究最新进展

小子样可靠性理论的应用

引信可靠性试验案例分析

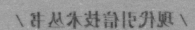

引信可靠性鉴定参考指南

高价值弹药引信小子样可靠性试验与评估

王军波　宋荣昌　董海平　王　玮　编著

国防工業出版社
·北京·

内容简介

弹药可靠性是弹药研制和装备的重要指标之一。科技的发展和武器装备的需求，对武器装备的可靠性要求变得越来越高。本书以高价值弹药引信小子样可靠性试验与评估为主，主要阐述了小子样可靠性评定的方法、无信息先验分布与多层贝叶斯方法、信息融合方法、高价值弹药引信小子样可靠性综合评估方法和应用、可靠性增长理论与方法，以及引信用火工品小子样可靠性评估方法。

本书既可为炮弹和火箭弹引信的论证、设计、验收提供参考，也可供型号产品的设计人员、可靠性工程专业技术人员使用。

图书在版编目（CIP）数据

高价值弹药引信小子样可靠性试验和评估/王军波等编著. —北京：国防工业出版社，2016.4

（现代引信技术丛书）

ISBN 978-7-118-10529-2

Ⅰ. ①高…　Ⅱ. ①王…　Ⅲ. ①武器引信—可靠性试验　Ⅳ. ①TJ430.6

中国版本图书馆 CIP 数据核字（2016）第 050069 号

※

国防工業出版社出版发行

（北京市海淀区紫竹院南路 23 号　邮政编码 100048）

北京嘉恒彩色印刷有限公司印刷

新华书店经售

*

开本 710×1000　1/16　印张 11　字数 221 千字

2016 年 4 月第 1 版第 1 次印刷　印数 1—2000 册　定价 69.00 元

国防书店：（010）88540777　　发行邮购：（010）88540776

发行传真：（010）88540755　　发行业务：（010）88540717

FOREWORD 序

引信是利用目标、环境或指令信息，在预定的条件下解除保险，并在有利的时机或位置上起爆或引燃弹药战斗部装药的控制系统（或装置）。弹药是武器系统的核心部分，是完成既定战斗任务的最终手段。引信作为弹药战斗部对目标产生毁伤作用或终点效应的控制系统（或装置），始终处于武器弹药战场终端对抗的最前沿。大量实战案例表明：性能完善、质量可靠的引信能保证弹药战斗部对目标实施有效毁伤，发挥武器弹药作战效能“倍增器”的作用；性能不完善的引信则会导致弹药在勤务处理时、发射过程中或发射平台附近过早炸，遇到目标时发生早炸、迟炸或瞎火，不仅贻误战机，还可能对己方和友邻造成严重危害。

从严格的学科分类意义上讲，“引信技术”并不是一个具有相对独立的知识体系的学科或专业，而是一个跨学科、专业的工程应用综合技术领域。因此，现代引信及其系统是一类涉及多学科、专业知识的军事工程科技产品。纵观历史，为了获取战争对抗中的优势，人们总是将自己的智慧和最新科技成果优先应用于武器装备的研制和发展。引信也不例外，现代引信技术的发展一方面受到武器弹药战场对抗的需求牵引，另一方面受到当代科学技术进步的发展推动。

近30年来，随着人类社会进入以信息科技为主要特征的知识经济时代，作战方式发生了深刻的变化，目标环境也日趋复杂。为适应现代及未来作战需求，高新技术武器装备得到快速发展，弹药战斗部新原理、新技术层出不穷，促使现代引信技术在进一步提高使用安全性和作用可靠性的同时，朝着多功能、多选择，以及引爆-制导一体化、微小型化、灵巧化、智能化和网络化的方向快速发展。

“现代引信技术丛书”共12册，较系统和客观地反映了近30年来现代引信技术部分领域的理论研究和技术发展的现状、水平及趋势。丛书包括：《激光引信技术》《中小型智能弹药舵机系统设计与应用技术》《引信安全系统分析与设计》《引信环境及其应用》《引信可靠性技术》《高动态微系统与MEMS引信技术》《现代引信装配工程》《引信弹道修正技术》《高价值弹药引信小子样可靠性评估与验收》《弹目姿轨复合交会精准起爆控制》《侵彻弹药引信技术》《引信 MEMS 微弹性元件设计基础》。

这套丛书是以北京理工大学教师为主，联合中北大学及相关科研单位的教师和研究人员集体撰写的。这套丛书的特色可以概括为：内容厚今薄古；取材内外兼收；突出设计思想；强调普适方法；注重科技创新；适应发展需求。这套丛书已列为 2015 年度国家出版基金项目，既可作为从事兵器科学与技术，特别是从事弹药工程和引信技术的科技工程专业人员和管理人员的使用工具，也可作为高等学校相关学科专业师生的教学参考。

这套丛书的出版，对进一步推动我国现代引信技术的发展，进而促进武器弹药技术的进步具有重要意义。值此丛书付梓之际，衷心祝贺“现代引信技术丛书”的出版面世。

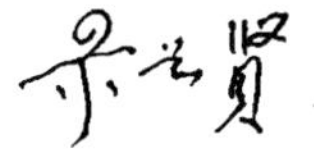

2016 年 1 月

PREFACE 前言

近年来我国研制了多种型号精确制导弹药，这些弹药命中精度高、价格昂贵，因此对配用引信的可靠性指标要求更高。引信的高可靠性指标要求给设计和定型试验带来了两个方面问题：一方面，这些引信技术含量高、结构复杂，可靠性指标要求远大于常规弹药用引信，因此，采用原有常规炮弹引信的打靶统计的可靠性评估方法已经不适用；另一方面，由于母弹成本较高，在定型或鉴定试验时全弹飞行试验数据量较少，通常为几发，而引信的可靠性指标高于全弹，不足以验证引信的可靠性指标。因此，需要研究基于小子样方法的高价值弹药用引信可靠性试验与评估方法。该问题已成为目前精确打击弹药装备发展急需解决的技术难题之一。

目前，我国已经建立了相关国家军用标准，科研人员也对小子样可靠性相关理论进行了大量研究，但还不能用来解决高价值弹药引信面临的可靠性指标评估问题。为此，国内炮兵防空兵装备技术研究所、北京理工大学、军械工程学院等有关单位从“十一五”期间开始就进行了关于引信小子样可靠性方面的研究工作，研究成果已在某型安全与解除保险装置鉴定试验中得到试用，证明引信小子样可靠性评估方法的可行性；“十二五”期间上述单位继续开展相关方面的研究，着重于引信可靠性增长和验收试验方法两个方面。

本书是基于全体编写人员多年的教学和科研实践，以及近两个五年规划的预研成果而编写的。

本书共分7章：第1章论述小子样可靠性和高价值弹药引信小子样可靠性评估的需求，简单介绍目前的小子样可靠性评估方法和弹药验收试验方法；第2章介绍小子样可靠性评估理论和方法；第3章介绍无信息先验分布与多层贝叶斯方法；第4章介绍引信小子样可靠性试验信息融合方法；第5章介绍弹药引信小子样可靠性评估方法及其应用；第6章介绍高价值弹药引信可靠性增长问题，包括可靠性增长模型基础、弹药可靠性增长规划以及弹药引信可靠性增长试验方法；第7章介绍引信用火工品小子样可靠性评估方法及应用。

参加本书编写工作的主要有王军波（第1章和第5章5.1节、5.2节）、宋荣昌（第2章和第5章5.3节、5.4节）、董海平（第6章和第7章）、王玮（第3章和第4章）。在编写过程中，石坚研究员、蔡瑞娇教授、温玉全副教授对全书编写提出了宝贵的建议，硕士研究生陈庆森、关平、梁启海等对本书的编写也做了一定的工作，在此一并表示感谢。

由于水平有限，不妥之处在所难免，望读者指正。

编著者

2016年2月

CONTENTS 目录

1

第1章 概 述

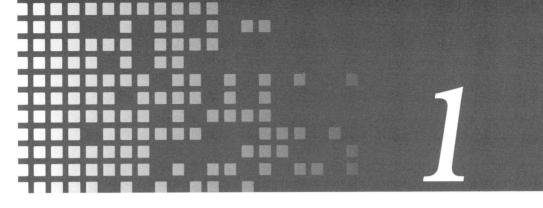

1.1 小子样可靠性评定的概念

1.1.1 可靠性评定的概念

可靠性理论大约起源于20世纪30年代，最早研究的问题涉及机器维修、更换理论以及材料的疲劳寿命。但可靠性理论从第二次世界大战开始才受到重视，即从40年代由于处理战场上电子产品所面临的问题而开展起来的。60年代，因航空、航天技术的发展，可靠性研究水平得到了进一步提高。可靠性理论和技术经过几十年的发展，至今已经成为一门完整的、综合性很强的应用学科。

可靠性是："系统在规定的条件下，规定的时间内，完成规定功能的能力。"如果在可靠性的定义中用概率定量地描述"能力"，即为可靠度，或狭义可靠性。

可靠性是产品的基本质量目标之一，是一项重要的质量标志，也是影响产品质量的最活跃的因素，已经成为工业企业和国防部门的经济、军事效益的基础及竞争的焦点。从可靠性学科的形成过程可以看到，可靠性理论、技术的发展与武器装备的复杂化和高质量要求密不可分。大量的工程实践说明，可靠性是武器装备的倍增器。

可靠性评定是根据产品的可靠性结构（系统与单元间的可靠性关系）、寿命模型及试验信息，利用概率统计方法，给出产品可靠性特征量的区间估计，如可靠性下限、平均故障间隔时间（MTBF）下限、失效率上限、环境因子上限等。其中，复杂系统可靠性下限的估计问题是一个重要研究方向，也是本书研究的主要问题。

产品的可靠性评定是对产品可靠性进行定量控制的手段，它贯穿于产品的整个寿命周期，既可以在产品研制的任一阶段进行，也可以结合抽样理论对批量生产的产品制定批抽样方案。可靠性评定的意义在于：

（1）科学而先进的可靠性评定方法为充分利用各种试验信息奠定了理论基础。这对于减少试验费用、缩短研制周期、合理安排试验项目等具有重要意义。

（2）通过评定，检验产品是否达到了可靠性要求，并验证可靠性设计的合理性。

（3）评定工作会促进可靠性与环境工作的结合。在可靠性评定中，要定量计算不同环境对可靠性的影响，要验证产品抗环境设计的合理性。

（4）通过评定，发现产品的薄弱环节，为改进设计和制造工艺指明方向，从而加速产品研制的可靠性增长过程。

（5）通过评定，可以了解有关元器件、原材料、整机乃至系统的可靠性水平，为新产品的研制开发提供依据。

可见，可靠性评定是衡量产品可靠性是否达到预期设计目标和促进产品可靠性增长的重要方法。所以，研究可靠性评定方法是十分必要的。但需要指出的是：可靠性是产品的固有属性，高可靠性的产品来自于设计、生产和管理，而不是靠评定得来的。

1.1.2 小子样的概念

工程中的“小子样”问题与经典统计学中的“小样本”问题并不是同一个概念：经典统计学中的“小样本”问题是相对于大样本问题（当样本量 $n \to \infty$ 时，研究统计量的性质）而言的，是指在样本量 n 为有限时统计量的性质（固定样本问题）；工程中的“小子样”问题则是样本量 n 为很小的数时（大多数情况下样本量 $n<10$，甚至更小）的有关统计问题和统计方法，这与固定样本问题有一定的联系，但两者有明显的区别。本书研究的是工程中的“小子样”问题。

1.2 高价值弹药引信小子样可靠性评估的概念

科技的发展和武器装备的需求，对武器装备的可靠性要求变得越来越高。武器装备的设计、研制和生产过程决定其固有可靠性，评估和检验只是验证的过程，并不能改变或提高装备的固有可靠性。为了提高武器装备可靠性和保证武器装备的高可靠性要求，只有在装备的设计、研制、生产等决定性的寿命阶段中，采用可靠性增长的各项技术来进行管理和实现各种工程改进，才能将可靠性工作连成一体并贯穿于装备的整个寿命周期中。

为适应“打赢一场高技术条件下局部战争”的需要，我国近年来引进并仿制了末制导炮弹、炮射导弹、激光制导炸弹、远程多管简易控制火箭弹，研制的精确制导弹药有各种口径末制导炮弹、弹道修正弹、末敏弹、巡航导弹等多种型号高价值弹药。这些弹药配用的引信，可靠性指标要求更高，且高于全弹的可靠性指标。目前，我国积极研制末制导弹药和远程多管简易控制火箭弹，某些型号已设计定型即将装备部队。这些弹药具有射程远、精度高、威力大、反应快、机动性好等特点，特别适合于我国国情，是今后重点研制、生产的武器装备之一。由于大量采用了先进的光电探测技术、自动控制技术以及计算机技术等，这类弹药的结构比常规弹药要复杂得多，高新技术含量也高得多。当然，这些弹药的成本也比常规弹药高出几十倍，甚至上百倍。由于全弹的价格昂贵，所以不能为了验证引信的可靠性水平而大量进行全弹靶试。

引信是武器系统的终端，是弹药的“大脑”。各种作战平台对目标的最终作用大都通过引信来实现。因此，引信需要具有很高的安全性和可靠性。引信的基本功能是利用目标信息、环境信息、指令信息、制导信息及发射平台信息等，在预定的条件下，对弹丸或战斗部实施炸点控制、点火控制甚至于姿态控制；而在其他条件下，如平时和发射时，实施安全与解除保险控制，确保弹药安全。由此可见，引信作为战斗部中的敏感子系统，其可靠性与安全性直接影响到战斗部的毁伤效能。性能良好的引信，不仅能保证战斗部乃至武器系统的安全性，而且能使战斗部充分发挥毁伤目标的最大威力和最佳效果。

对于这些精确制导弹药引信，由于价格昂贵，生产批量小，而且试验是破坏性的，这就决定了在进行可靠性评定时，只能抽取少量样品进行相关试验。但是，目前尚没有专门针对高价值、高可靠度要求的国家军用标准可供使用。在相关的国家军用标准中使用最多的是计数法。这类方法具有简便、直观的优点，对价值较低且大批量生产的武器装备很适合；缺点是估计值保守并且试验所需的样本量大，不适用于高价值、小批量的情况。例如，某型号火箭弹每发造价近百万元，设计要求置信水平为 0.9 时的可靠度下限为 0.9，按现行军标中的计数法，这需要 22 发的无失效试验，如果出现 1 发失败，则所需要的试验量为 38 发。如此高的试验费用，无论是鉴定试验还是批验收试验都是无法承受的。一种妥协的做法是在鉴定试验中按较低的可靠性指标验收，以避免大样本量所带来的高费用，再在生产和使用中积累数据来验证武器装备的可靠性指标是否达到设计要求。这种做法要冒很大的风险，直接影响精确制导弹药这类高技术武器的研制、生产和装备部队的过程。

因此，仅利用全弹的可靠性试验数据，无法评估引信的可靠性水平是否达到指标要求。而可靠性指标是引信在设计定型与验收时最重要的一个战术技术指标。可靠性评估是引信设计定型与验收过程中的关键环节，如果由于试验费用或其他因素的影响，在没有对引信可靠性水平做出较为准确的判断之前，就通过了技术鉴定和验收，并投入批量生产并装备武器系统，将会给生产厂家和部队使用带来巨大的风险。这是目前在引信领域广泛存在的高可靠性要求与过大的试验量之间的矛盾，是制约当前武器弹药系统研究发展的因素之一。为节省研制经费，缩短研制周期，降低生产厂家和部队使用中存在的风险，为引信的批量生产和装备武器系统提供保证，寻求一套适合于引信可靠性评估的小样本方法成为目前迫切需要解决的技术难题。

引信小子样可靠性评估技术已在某制导炮弹、火箭弹引信用安全起爆装置鉴定试验中得到试用，初步证明引信小子样可靠性评估方法的可行性。但也暴露出了两个方面问题：一是 GJB 573A—1998《引信环境与性能试验方法》的试验项目不能满足高价值弹药用引信的模拟动态试验项目要求，基于小子样可靠性评估的模拟动态试验项目、样本量、试验方法和数据采集等需要与动态飞行试验数据一起进行研究和规划设计，确定一套适用于高价值弹药用引信可靠性试验与评价的方法。二是小子样可靠性评估研究成果只能降低试验样本量，并不能提高引信的可靠性。目前的引信研制过程主要追求性能指标的实现，很少考虑可靠性增长问题，更没有可靠性增长的模型和试验与评定方法，只有到设计定型时才考虑可靠性指标的评定问题，但此时的引信可靠性已经固定下来，为此，提高引信的可靠性迫切需要研究引信可靠性增长模型，确立一套基于可靠性增长的引信可靠性设计与试验方法。

1.3 高价值弹药引信小子样可靠性评估发展概况

1.3.1 小子样可靠性技术发展概况

小子样问题直接来源于工程实践，且主要是在武器装备和航空、航天领域中。有关的研究从第二次世界大战时就已经开始，由于项目内容涉及机密，所以，国外十几年来的有关项目研究的情况很难见到。从公开发表的理论研究的结果来看，主要的研究内容和研究方向在如下三个方面。

1. 贝叶斯（Bayes）方法与多源信息融合

小子样问题的难点在于现场试验数据量太小，远不能达到可靠性评定所需要的信息量。此时，利用现场试验之外的信息，就成为必然的选择。由于贝叶斯方法能够使用先验信息，所以在现场数据量较小时，贝叶斯方法较经典统计方法的优势是明显的。

美国可靠性分析中心（Reliability Analysis Center，RAC）在20世纪90年代提出了一种新的可靠性评定方法——可靠性综合评定方法（Consolidated Reliability Assessment Method，CRAM）模型，强调在复杂系统进行可靠性评定中，要充分利用设计、研制、试验等多方面的信息。系统可靠性评定的CRAM流程如图1-1所示。

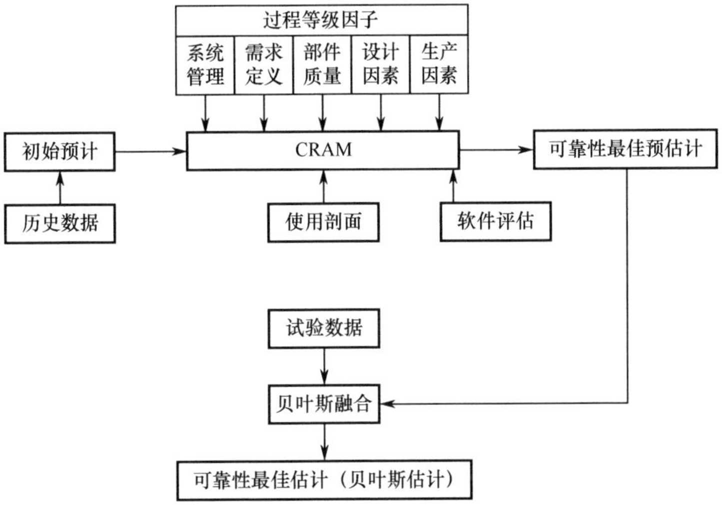

图1-1 系统可靠性评定的CRAM流程

俄罗斯在进行系统可靠性评定时也十分强调利用补充信息的贝叶斯方法或经验贝叶斯方法。如果有充足的试验信息，则可以利用经典的统计方法进行可靠性评定；否则，利用补充信息对可靠性指标进行估计。补充信息的来源主要包括：分析设计中的可靠性要求；产品以往的试验数据；产品构件以往的试验数据；同类产品的试验数据；同类产品构件以往的试验数据；对产品以往的使用观测记录；对产品构件以往的使用观测记录；对同类产品以往的使用观测记录；对同类产品构件以往的使用观测记录；等等。俄罗斯的可靠性评定流程如图1-2所示。

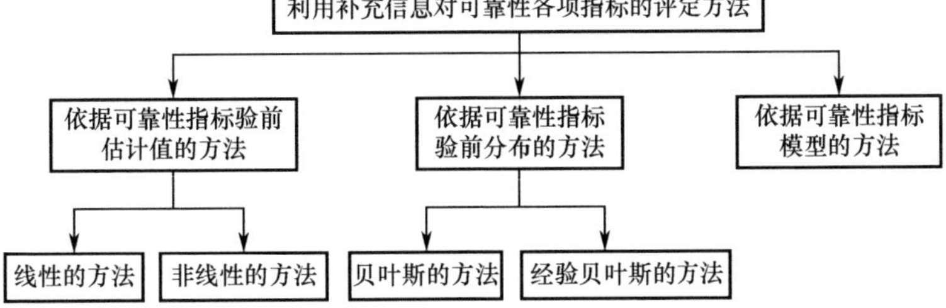

图1-2 俄罗斯的可靠性评定流程

对贝叶斯方法的研究已经非常广泛且结果丰富，目前，理论研究的主要问题是：如何综合利用多种来源的先验信息，即多源信息融合的问题。这包含两方面的情形：一方面是指先验信息是多（异）总体的；另一方面是指先验信息具有多种数据形式，如未知参数的点估计、区间估计，以及总体的分位数等。

2. 自助（Bootstrap）方法与系统仿真

Bootstrap 方法是 Efron 于 1979 年提出的一种统计计算方法，这是一种与模拟方法、排列方法、刀切（Jackknife）方法等十分相似的重抽样方法，本质是利用最少的模型假设模拟出统计过程相应的性质。目前研究的主要方面是寻找一种可靠方便的经验方法来计算置信区间。由于 Bootstrap 方法是基于已有样本的重复再抽样，所以适合于小子样问题，该方法广泛应用于仿真技术中。

20 世纪 80 年代以来，仿真技术越来越广泛地应用于武器系统研制中。从可靠性评定的角度来看，仿真试验可以提供大量信息，弥补了外场飞行试验的不足。如果有一个好的仿真模型，就可以大幅度减少外场飞行试验的数量。例如，英国“警犬”地空导弹利用仿真试验和靶场飞行试验相结合，只发射 92 发就完成了该项研制任务。美国利用大系统半实物仿真，结合靶场试验：“爱国者”防空导弹用弹量从 141 枚减少到 101 枚，约节省了 28.4%；“尾刺”导弹从 185 枚减少到 114 枚，约节省了 38.4%；“响尾蛇”空空导弹由 129 枚减少到 35 枚，约节省了 72.9%。

贝叶斯小子样评估是充分利用各种信息来源，对仿真信息、飞行试验和其他试验信息进行分析、比较和综合，对武器系统性能给出置信水平比较高的评估结果。

3. 可靠性多级综合

可靠性多级综合是指：当系统的可靠性结构是一种多级结构（如系统—分系统—部件—元件等）时，利用下一级单元的试验数据和可靠性结构，对上一级的可靠性进行评估，自下而上地反复这一过程，直到得到系统的可靠性评估。

对于某些大型复杂系统，如运载火箭、远程导弹等，系统级的试验数据往往很小，甚至是零试验数据，但分系统、部件、元件级的试验数据是较大的，所以特别适合于使用可靠性多级综合的方法。对于可靠性多级综合问题，国际上统计界的三大学派（经典、贝叶斯、Fiducial）都在研究，有关的方法有上百种之多，如 L－M 法、极大似然（MML）法、H 法、AO 法、极大似然估计与序贯压缩综合法（CMSR）法等。

国内开展小子样试验技术研究起步于 20 世纪 60 年代初。当时，为了对战略武器进行诸如射击精度、落点系统误差、命中概率、发射和飞行可靠性等战术技术指标的评估与鉴定，开展了小子样条件下的试验分析与评估研究。研究和使用的统计方法主要是 A. Wald 的序贯分析方法，并且对贝叶斯方法开始了初步的研究和应用。

20 世纪 80 年代以来，随着现代统计理论及计算机技术的发展，加之我国武器装备研制技术的不断改进，经验的积累、试验中测控手段的多样化及仿真技术的运用等，使武器装备的试验鉴定进入了一个新的阶段，也为小子样试验技术的研究和应用创造了良好的条件。国内开展小子样试验技术研究的主要单位有中国科学院系统科学研究所、国防科学技术大学、北京航空航天大学、西北工业大学、北京理工大学等，在小子样试验技术的理论研究和工程应用上都取得了较大进展。

近 20 年来，国内对复杂系统可靠性的研究和评估工作也取得了一些成果。中国科学院系统科学研究所对“复杂系统可靠性综合评定方法”进行了研究，编制了相应的软件，并对于经典法可靠性综合评定做了详细的研究。周源泉等先后出版了多部有关可靠性试验、可靠性增长方面的专著，在系统可靠性评定方面的研究比较全面且具体应用于航空航天领域的许多工程问题。国防科学技术大学在“九五”期间开展了“大型复杂系统贝叶斯可靠性数据处理、分析与评估方法”的研究，对小样本下系统可靠性综合评定方法进行了详细的论述。北京航空航天大学在电子类、机械类的复杂系统可靠性评定方面处于国内领先水平。西北工业大学在复杂系统的小样本可靠性评定方面提出了“系统可靠性综合评定的信息熵法”，将信息论原理引入到了系统可靠性的评定中，提高了信息的利用率，减少了试验样本量，提高了可靠性评定的精确性，并用该方法对某鱼雷的可靠性进行了评定，取得了较好的结果。北京理工大学在“十五”期间，在一次性作用成败型产品的可靠性评定方面提出了火工品可靠性计量－计数评估方法，并进行了大量试验验证工作。军械工程学院在“十五”期间对高价值弹药可靠性评估小样本方法进行了大量研究工作，编制了应用软件，并采用该方法对某末制导炮弹进行了可靠性评估，取得了较好的效果。

国内的研究方向与国际的主流是一致的，并且得到了一些重要的、有应用价值的研究结果：

（1）航天部可靠性课题组，在运载火箭的研制试验过程中，发展、完善了可靠性多级综合的贝叶斯方法，并将之运用于工程实际，取得了非常好的效果。

（2）郑忠国提出的“虚拟系统法”，在可靠性多级综合中很好地解决了不同级的试验数据的融合问题，是目前国内外在解决这一问题时广泛使用的方法之一。

(3) 中国科学院系统科学研究所在“复杂系统的可靠性综合评定方法”研究中 (1991), 利用 Cornish - Fisher 展开和鞍点逼近技术, 把经典方法发展到了一个新的水平。

(4) 国防科学技术大学, 对远程制导武器的小子样鉴定试验方法进行了研究。在仿真模型的建模、校正以及仿真数据的使用上有独到之处。

(5) 王振帮提出可靠性综合评定的 H 熵法。北京理工大学在火工品的可靠性研究中, 利用熵等值原理对不同环境下的试验数据进行折合的研究达到了很高的水平。

1.3.2 弹药引信小子样可靠性试验与评估发展概况

在普通引信可靠性评估中, 使用最多的是计数法, 即 GJB 179A—1996《计数抽样检验程序及表》。引信工作过程的动态性、瞬时性和一次性, 构成了引信区别于弹药中其他系统的主要特点, 决定了引信的全弹靶场试验的破坏性。对于高价值弹药用引信, 由于全弹的价格昂贵, 不能为了验证引信的可靠性水平而大量进行全弹靶场试验。例如, 空地巡航导弹是我国新研制的高新技术武器弹药, 该类弹药技术密集、价格高, 其配用的引信作用可靠性要求也高。可靠性指标: 置信下限为 0.996; 置信度为 0.8。若按目前的成败型产品计数法评估其可靠性时, 需试验 402 发, 且无一失效。若有 1 发失效, 则应试验748 发。这么大的试验量无论从研制经费还是试验周期来说都是无法承受的。因此, 减小样本量、提高评估精度的研究工作国外从 20 世纪 40 年代开始一直持续到现在, 国内从 80 年代开始也逐步兴起。

在武器系统可靠性评估方面, 国内外一直在寻求小样本下的试验评估方法。目前, 应用贝叶斯方法进行可靠性评估的研究和应用最为活跃。美国陆军部长在 1984 年指出: 破坏性试验必须运用贝叶斯方法确定系统的可靠性。美国核管理委员会委员 N. O. Siu 和 D. L. Kelly 也指出, 对于试验数据较少的情况, 贝叶斯方法比经典方法更为适合和有效。其主要原因: 一是与经典方法不同, 贝叶斯方法能够综合利用多种信息类型, 既包括现场试验数据又包括验前信息, 既可以是统计数据也可以是专家经验; 二是贝叶斯方法基于一个主观概率的框架, 更容易处理复杂系统中普遍存在的不确定因素的情况, 因而适合更为实际的工程问题。

俄罗斯部署的“白杨” - M 导弹的试验评估和鉴定就是充分利用补充信息的结果。“白杨” - M 导弹的工程研制只用了不到 5 年时间, 部署前只进行了 4 次研制飞行试验, 其工程研制时间之短, 部署前飞行试验次数之少, 在国外主要战略型号的研制中是很少见的。“白杨” - M 导弹的评估和定型主要依赖于：成熟技术的应用（预先研究奠定了基础）；研究阶段大量地面试验和检测；良好的继承性（和“白杨”导弹大致相同的设计）；“白杨”导弹大量的作战试验信息以及少量的“白杨”－M 导弹定型试验信息。

20 世纪 50 年代末，国外提出了可靠性增长的思想。有关可靠性增长的研究有两个方向，分别是基于传统的统计估计方法和贝叶斯估计方法建立增长模型，来评定、预测系统的可靠性。1972 年，美国陆军装备系统分析中心（Army Materiel System Analysis Activity，AMSAA）的 L. H. Crow 在 Duane 模型的基础上提出了可靠性增长的 AMSAA 模型或称 Crow 模型。1978 年，美军专门制定了军用标准——可靠性增长试验，并在可靠性增长研究中提出多种可靠性增长模型。

国外很重视引信的模拟试验技术的发展，除常规的环境试验外，还设计了各种模拟动态试验方法进行单项力作用的模拟试验研究。例如：将空气炮用于模拟最大加速度值；离心机模拟试验，用来模拟纵向加速度、横向加速度、滚动角加速度等效应；火箭滑橇试验模拟弹目交会，飞越试验模拟引信起爆系统的动态工作性能。

专门对于引信可靠性评估方法的研究，从目前国内外的文献来看，基本还是采用了系统可靠性的评估方法。王宏洲较早对引信可靠性评估进行了系统的研究。其论文中使用经典统计和经验贝叶斯方法研究了引信环境试验中的环境因子以及引信可靠性评估方法。之后的一些文献，特别是近年来的资料中较多的是引信可靠性分析和储存寿命的研究，关于可靠性评估方法的研究大多是针对某些具体型号引信开展的，如空空导弹研究院提出了一种近炸引信的可靠性评估方法，其基本思想是以地面试验代替飞行试验，按二项分布进行可靠性评估。但是，在通用的统计方法的研究方面，尚未见到突破性的进展。

在引信的模拟试验中，对同一个性能指标往往在多种不同的环境条件下进行试验验证，如高低温试验、电磁环境试验等。为进一步的可靠性评估，首先需要把不同环境条件下的试验数据折合为一种环境条件下的试验数据，解决这类问题的有效方法是使用环境因子。环境因子的研究和发展过程是沿着两条主线进行的：第一条主线是产品层次，从产品层次来看，环境因子研究经历了从元器件到整机再到系统的发展过程。环境因子的概念最初是针对元器件提出来的，在 MIL－HDBK－217《电子设备可靠性预计手册》系列标准中给出了不同类型元器件在典型环境下相对于地面良好环境的环境因子取值，为定量预计产品在不同环境下的可靠性提供了基础。后来，环境因子的概念逐步推广到设备、系统等高层次产品，作为不同环境下可靠性数据等效折合与综合的重要手段。第二条主线是产品的寿命分布类型。环境因子最初是针对产品使用寿命的一种数据折合方法，首先应用在指数型产品（主要是电子元器件和电子设备)，后来出现了相关的贝叶斯算法，随着研究的深入，先后出现了正态分布以及对数正态分布和威布尔（Weibull）分布的寿命型数据的环境因子的确定方法。当然，由于工程实际的需要，成败型的二项和负二项分布，以及伽马(Gamma）分布和负对数伽马分布等其他常用的寿命分布类型环境因子的确定也有相关的研究。

总体来说，寿命类产品环境因子的研究进展较好，一般都能给出环境因子的精确置信限和近似限。但是，对于非寿命连续型的性能指标，如输出电压、作用时间、结构强度等，其环境因子的研究起步较晚，并且与寿命分布的情形有很大不同，应用范围非常广泛，所以逐渐引起了人们的注意。刘琦等人给出性能指标环境因子的贝叶斯方法。黄美英等提出了二因子环境因子法的研究方法，给出了性能参数服从正态分布、对数正态分布时二因子的统计推断方法。盖京波把这种方法推广到了威布尔分布。王玮等人对性能指标的环境因子做了总结性的定义。关于二因子的区间估计虽然已经有了一些研究方法，但是还没有很好地解决。

目前，在引信的研制过程中，主要执行的标准有 GJB 573A—1998《引信环境与性能试验方法》和 GJB 5058—2001《引信外场性能试验方法》，对评估引信可靠性来说存在一定的不足：①GJB 573A—1998《引信环境与性能试验方法》针对引信在勤务处理的试验，部分项目在定型飞行试验中不能采用，有部分试验如飞行试验与作用可靠性相关，但还不足评估引信可靠性，因此，该标准规定的试验仍不能代替外场试验，因为它还不能完全准确地反映使用环境；②GJB 5058—2001《引信外场性能试验方法》采用的弹药仍然是以外场标准实弹射击试验为主，这对于为评估引信可靠性，尤其是一些高价值或高可靠性指标的弹药引信来讲，带来相当高的试验费用。武器全系统的实际试验次数一般很少，因此，在武器系统可靠性评估方面国内外一直在寻求小样本下的试验评估方法。

1.4 弹药引信小子样可靠性评估的途径和方法

由于高价值弹药引信的特殊性，评估其可靠性时已经不能再采用 GJB 179A—1996《计数抽样检验程序及表》中的方法，而航天产品中的可靠性评估的方法也不适合于引信，前者严重依赖靶场试验数据，模拟试验数据基本不用，后者需要做大量模拟试验，靶场试验极少，因此，采用一种折中的方法，即结合靶场试验结果和模拟试验结果的评估方法。

相对于已有的研究成果，由引信系统的特殊性带来了可靠性评估中的一些新问题，需要进一步地研究和解决：

（1）系统的可靠性综合。在已有的研究中，为解决系统级的试验数据不足的问题，常用的是利用“系统可靠性综合”方法（“金字塔”式的评估方法），把组成系统的各单元的试验数据“折合”为系统的试验数据。这类方法的思想基础中有着还原论的成分，即只要把系统还原到其基本层，并把基本层的问题研究清楚，一切高层次的问题就可以解决。

引信作为集机械、电子、火工品等技术为一体的军工产品，可视为一个复杂系统。整体“涌现性”（或称“突现性”）是复杂系统的显著特性之一，即一个系统不能表示为其部分的总和，不满足叠加原理。复杂系统的这种特性来源于两个方面：一方面是被控对象的复杂性，或是系统组成的复杂性；另一方面是被控对象所处环境的复杂性以及对控制的高要求。显然，引信系统的复杂性属于后者。系统的“涌现性”无法通过系统的组成单元来解释，必须从系统整体加以研究，这是系统科学的整体论思想。但是，这并不意味着只能使用系统级的试验数据，而是要求以恰当的方法和形式，使用系统各组成单元、各种环境试验以及模拟试验的数据。

（2）环境试验数据的“折合”方法。目前环境因子的研究和应用都是对于寿命总体的，而非寿命连续型的性能指标（如输出电压、作用时间，结构强度等），其环境因子与寿命分布的情形有很大不同。对性能指标的环境因子至今没有统一的、意义明确的定义，这在工程应用中容易引起混淆。

（3）模拟试验数据与飞行试验数据的“融合”利用。引信是在弹药的发射、飞行、制导过程中工作和作用的，其工作环境中的各种应力常处于过载状态，且这种多应力过载状态难以通过理论计算或模拟仿真等手段完全明确，所以靶试数据是产品可靠性水平的最直接的反映。由于高价值弹药的成本昂贵，只能进行少量靶试，引信的靶试数据是非常有限的。但是对引信的各项性能指标，一般都可以通过较大数量的模拟试验进行验证。利用可靠性综合的方法，可以把各项功能参数的模拟试验数据“综合”为系统的试验数据。但应该明确的是，由这种方法所得到的系统试验数据是虚拟数据，不能等同于靶试数据，且通常情况下虚拟数据远多于靶试数据，这就需要研究将两种数据合理“融合”利用的方法。

参考文献

[1] 曹晋华，程侃．可靠性数学引论［M］．北京：科学出版社，1986.
[2] 茆诗松，王玲玲．可靠性统计［M］．上海：华东师范大学出版社，1984.
[3] 周源泉，翁朝曦．可靠性评定［M］．北京：科学出版社，1990.
[4] 陈希孺．数理统计引论［M］．北京：科学出版社，1981.
[5] 郑忠国．关于可靠性评估中的数据转换问题［J］．质量与可靠性，1995（1）：23－25.

[6] 张金槐. 武器装备小子样试验分析与评估 [M]. 北京：国防工业出版社，2001.
[7] 唐雪梅. 复杂系统可靠性鉴定方法 [J]. 航天控制，1994 (4)：35-40.
[8] 王振帮. 成败型系统可靠性综合评定的 H 熵法 [J]. 系统工程与电子技术，1989，11 (8)：66-71.
[9] 董海平. 燃爆产品可靠性评估方法研究 [R]. 北京：北京理工大学，2003：7-23，36-38.
[10] 于丹，李学京，姜宁宁. 复杂系统可靠性分析中的若干统计问题与进展 [J]. 系统科学与数学，2007，27 (1)：68-81.
[11] 张健. 引信系统理论与复杂性科学 [J]. 探测与控制学报，2005，27 (4)：1-7.
[12] 李良巧. 引信可靠性设计指南 [M]. 北京：兵器工业出版社，1993.

第2章 小子样可靠性评定的基本方法

可靠性评定的结果是要给出可靠度的下限，即对给定的置信水平 $1-\alpha$，可靠度下限 R_L 满足

$$P\{R \geqslant R_L\} = 1-\alpha \tag{2-1}$$

式中：R 为系统的可靠度。

对复杂系统而言，这需要考虑两个方面的问题：一方面研究各种分布类的可靠性评定方法，本书只考虑制导弹药所涉及的二项分布和正态分布；另一方面研究各种信息融合的方法，这方面包括的情况比较复杂，比如，在使用贝叶斯方法时如何综合各种先验信息以确定先验分布的问题，而系统可靠性综合本质上也是一种信息融合的方法。

为了后面讨论问题的方便以及应用的需要，本章列举出一些基本方法和有关的结论。

2.1 经典方法、贝叶斯方法与 Fiducial 方法

由于可靠性评定的结果是给出可靠性特征量的区间估计，所以需要使用到统计学中区间估计的方法。以下对统计学中三个不同学派（经典、贝叶斯、Fiducial）的区间估计方法做简要说明，详细的内容见相关文献。本书中根据实际问题，在不同的情况下选用不同的方法。

2.1.1 经典方法的区间估计

记总体 ξ 有密度函数为 $f(x,\theta)$，或概率函数 $P\{\xi = x_k\} = p_k(\theta)$，其中，$\theta$ 为未知参数。$X=(X_1,X_2,\cdots,X_n)$ 为样本。若存在 $\theta_1(X)$、$\theta_2(X)$，对给定的 $0<1-\alpha<1$，满足

$$P\{\theta_1(X) \leqslant \theta \leqslant \theta_2(X)\} \geqslant 1-\alpha \tag{2-2}$$

则称 $[\theta_1(X),\theta_2(X)]$ 为参数 θ 的置信水平是 $1-\alpha$ 的置信区间。

若 $\theta_1(X)$、$\theta_2(X)$ 是连续型随机变量，则式（2-2）可写为

$$P\{\theta_1(X) \leqslant \theta \leqslant \theta_2(X)\} = 1-\alpha \tag{2-3}$$

如果只关心参数 θ 在一个方向的界限，则参数 θ 的置信水平为 $1-\alpha$ 的置信下限 θ_L 和置信上限 θ_U 分别满足

$$P\{\theta \geqslant \theta_L\} \geqslant 1-\alpha \tag{2-4}$$

$$P\{\theta \leqslant \theta_U\} \geqslant 1-\alpha \tag{2-5}$$

若 θ_L 和 θ_U 为连续型随机变量，则式（2-4）、式（2-5）可分别写为

$$P\{\theta \geqslant \theta_L\} = 1-\alpha \tag{2-6}$$

$$P\{\theta \leqslant \theta_U\} = 1-\alpha \tag{2-7}$$

经典学派的概念可以给出频率的解释。从经典学派的观点来看，参数 θ 是未知常数，置信区间是一个随机区间，这个随机区间包含 θ 的可能性（概率）是 $1-\alpha$。

2.1.2 贝叶斯方法的区间估计

贝叶斯方法的基本出发点是，把参数 θ 看成有一定分布的随机变量。这个分布总结了在试验（取得试验结果 x）前对 θ 的了解，因此称为 θ 的先验分布。其密度函数记为 $\pi(\theta)$。在取得试验结果 $\boldsymbol{x}=(x_1,x_2,\cdots,x_n)$ 后，可以得到 θ 的后验密度为

$$\pi(\theta \mid x) = \frac{\pi(\theta)L(x \mid \theta)}{\int \pi(\theta)L(x \mid \theta)\mathrm{d}\theta} \tag{2-8}$$

式中：$L(x \mid \theta)$ 为试验结果 $\boldsymbol{x}=(x_1,x_2,\cdots,x_n)$ 的似然函数。

贝叶斯方法的统计推断都是基于这个后验分布的。置信水平为 $1-\alpha$ 的置信区间 $[\theta_L,\theta_U]$，满足

$$P\{\theta_L \leqslant \theta \leqslant \theta_U \mid x\} = \int_{\theta_L}^{\theta_U} \pi(\theta \mid x)\mathrm{d}\theta = r \tag{2-9}$$

而置信下限 θ_L 和置信上限 θ_U 分别满足

$$P\{\theta_L \leqslant \theta\} = \int_{\theta_L}^{\infty} \pi(\theta \mid x)\mathrm{d}\theta = r \tag{2-10}$$

$$P\{\theta \leqslant \theta_U \mid x\} = \int_{-\infty}^{\theta_U} \pi(\theta \mid x)\mathrm{d}\theta = r \tag{2-11}$$

按贝叶斯学派的观点，式（2-9）的意义是，在试验之后得到的试验结

果 $\boldsymbol{x}=(x_1,x_2,\cdots,x_n)$ 是一个常数向量，于是置信区间 $[\theta_L,\theta_U]$ 是一个固定的区间，随机变量 θ 的取值落入 $[\theta_L,\theta_U]$ 的可能性为 $1-\alpha$ 。

2.1.3 Fiducial 方法的区间估计

这是 R. A. Fisher 在 20 世纪 30 年代提出的一种区间估计方法。在式（2-6）中，参数 θ 的置信下限 θ_L 是由样本 X 和置信水平 $1-\alpha$ 确定的，在得到了试验结果 $\boldsymbol{x}=(x_1,x_2,\cdots,x_n)$ 后，可把样本 X 看作常量，则 $\theta_L=\theta_L\times(1-\alpha)$ 。如果将 θ 看作随机变量，通过改变 $1-\alpha$ 的值（0~1），可以得到分布函数 $F_F(x)$ ，称为 θ 的信仰分布。其密度函数 $f_F(x)=\mathrm{d}F_F(x)/\mathrm{d}x$ 称为 θ 的信仰密度。由此可以得到参数 θ 的 Fiducial 区间估计：

$$\int_{-\infty}^{\theta_L} f_F(\theta)\mathrm{d}\theta=\int_{\theta_U}^{\infty} f_F(\theta)\mathrm{d}\theta=\frac{\alpha}{2} \tag{2-12}$$

$$\int_{-\infty}^{\theta_L} f_F(\theta)\mathrm{d}\theta=\alpha \tag{2-13}$$

$$\int_{-\infty}^{\theta_U} f_F(\theta)\mathrm{d}\theta=1-\alpha \tag{2-14}$$

式（2-12）~式（2-14）中：$1-\alpha$ 为信仰系数，即 Fisher 意义下的置信水平。

对于 θ 的信仰分布 $F_F(x)$ 需要注意两点：一是信仰分布 $F_F(x)$ 具有概率分布的一切性质，但不容许任何频率解释；二是当总体 ξ 为离散型随机变量时，信仰分布 $F_F(x)$ 不是唯一的，而是有一对信仰分布，它们分别由下限和上限得到，讨论参数的下限问题用下限信仰分布，讨论参数的上限问题当用上限信仰分布。

2.2 二项分布和正态分布的总体的可靠性评定

制导弹药的全弹试验是成败型的，试验的成功数服从二项分布。部件和子系统涉及二项分布（成败型试验）和带有单侧或双侧公差限的性能指标均服从正态分布。对这两种情形，本书给出了求可靠度下限的经典方法和贝叶斯方法。

若总体服从两点分布 $B(1,R)$ ，即试验结果仅分为成功和失败两种状态，或产品只分为合格品与不合格品。随机、独立地抽取一个容量为 n 的样本，则其中的失败（不合格品）数 X 是随机变量，概率函数为

$$P\{X=k\}=C_n^k R^{n-k}(1-R)^k \qquad (k=0,1,\cdots,n) \tag{2-15}$$

式中：R 为可靠度（成功概率）或合格品率。

2.2.1 经典方法的非随机化最优置信下限

非随机化最优置信下限应满足下述三个条件：

(1) 精确性：对给定的置信水平 $0 < 1-\alpha < 1$，有 $P\{R \geqslant R_{LC}\} \geqslant 1-\alpha$。

(2) 正则性：当失败数的观察值 f 增加时，R_{LC} 下降。

(3) 最优性：R_{LC} 应尽可能大。

满足上述条件的 R_{LC} 由下式确定：

$$\sum_{k=0}^{f} C_n^k R_{LC}^{n-k}(1-R_{LC})^k = \alpha \qquad (f=0,1,\cdots,n-1) \tag{2-16}$$

式中：n 为试验数；f 为失败数。

当 $f=n$ 时，式（2-16）无解，由正则性规定 $R_{LC}=0$；当 $f=0$ 时，$R_{LC}=\alpha^{1/n}$；当 $f=n-1$ 时，$R_{LC}=1-\alpha^{1/n}$。

在其他的情况，式（2-16）可以利用二项分布与贝塔（Beta）分布的关系求解：

$$\mathrm{I}(R_{LC};s,f+1)=\alpha \tag{2-17}$$

式中：s 为试验中的成功数，$s=n-f$。

贝塔分布的分布函数（不完全贝塔函数）为

$$\mathrm{I}(x;a,b)=\frac{1}{\mathrm{B}(a,b)}\int_0^x u^{a-1}(1-u)^{b-1}\mathrm{d}u$$

式中：B（a，b）为贝塔函数。

R_{LC} 为贝塔分布的 α 分位点，用 F 分布的分位点计算：

$$R_{LC}=\left(1+\frac{f+1}{s}F_{2f+2,2s,1-\alpha}\right)^{-1} \tag{2-18}$$

非随机化最优置信下限是不精确的，因为它不能保证 $P\{R \geqslant R_{LC}\}=1-\alpha$，而是不小于 $1-\alpha$，所以 R_{LC} 是保守的。可以证明，要保证置信下限的置信水平恰为 $1-\alpha$，则需引入［0，1］上的均匀分布的随机变量，由此而得的下限称为随机化最优置信下限。

另外，关于 R 的 Fiducial 方法的非随机化最优置信下限与经典方法的非随机化最优置信下限相同。

2.2.2 贝叶斯方法的置信下限

对于可靠度 R，先验分布通常是使用其共轭先验 $\mathrm{Beta}(a,b)$，密度函数为

$$\pi(R)=\frac{\Gamma(a+b)}{\Gamma(a)\Gamma(b)}R^{a-1}(1-R)^{b-1}\quad(0\leqslant R\leqslant 1)\tag{2-19}$$

式中：a、b 为先验分布的超参数。

有了先验分布，取得了现场试验数据（样本）(s,f)，由式（2-8）就可以得到后验分布 $\pi(R\mid s,f)=\mathrm{Beta}(a+s,b+f)$。于是，置信水平为 $1-\alpha$ 的贝叶斯下限 R_{LB} 由下式给出：

$$\int_0^{R_{\mathrm{LB}}}\pi(R\mid s,f)\mathrm{d}R=I(R_{\mathrm{LB}};a+s,b+f)=\alpha\tag{2-20}$$

超参数 a 和 b 是由先验信息得到的，常用的有如下四种方法：

（1）矩方法。根据先验信息能够获得成功概率 R 的若干个估计值，记为 $R_1,R_2,\cdots,R_k$，一般它们是从历史数据中得到的。例如，对于已批量生产的产品，$R_1,R_2,\cdots,R_k$ 来自前 k 批产品的试验数据。由此可算得先验均值 $\bar{R}$ 和先验方差 S_R^2：

$$\bar{R}=\frac{1}{k}\sum_{i=1}^{k}R_i$$

$$S_R^2=\frac{1}{k-1}\sum_{i=1}^{k}(R_i-\bar{R})^2$$

然后令其分别等于 $\mathrm{Beta}(a,b)$ 的期望和方差：

$$\begin{cases}\dfrac{a}{a+b}=\bar{R}\\[2ex]\dfrac{a\cdot b}{(a+b)^2(a+b+1)}=S_R^2\end{cases}$$

解之可得超参数的估计值：

$$\begin{cases}\hat{a}=\bar{R}\left(\dfrac{(1-\bar{R})\bar{R}}{S_R^2}-1\right)\\[2ex]\hat{b}=(1-\bar{R})\left(\dfrac{(1-\bar{R})\bar{R}}{\mathrm{S}_R^2}-1\right)\end{cases}\tag{2-21}$$

（2）分位数法。若根据先验信息可以确定贝塔分布的两个分位数 R_γ、R_λ，如置信下限、上限等，则可由下面的方程组得到超参数的估计值：

$$\begin{cases}\displaystyle\int_0^{R_\gamma}\frac{\Gamma(a+b)}{\Gamma(a)\Gamma(b)}R^{a-1}(1-R)^{b-1}\mathrm{d}R=\gamma\\[2ex]\displaystyle\int_0^{R_\lambda}\frac{\Gamma(a+b)}{\Gamma(a)\Gamma(b)}R^{a-1}(1-R)^{b-1}\mathrm{d}R=\lambda\end{cases}\tag{2-22}$$

（3）矩和分位数法。若根据先验信息可以获得先验均值 $\bar{R}$ 和 γ 分位数 R_γ，则可由下面的方程组得到超参数的估计值：

$$\begin{cases} \int_0^{R\gamma} \dfrac{\Gamma(a+b)}{\Gamma(a)\Gamma(b)} R^{a-1}(1-R)^{b-1}\mathrm{d}R = \gamma \\ \dfrac{a}{a+b} = \bar{R} \end{cases} \tag{2-23}$$

（4）ML－Ⅱ方法。若先验分布密度 $\pi(R) = \mathrm{Beta}(a,b)$，并且有样本 (n,s)，则可以得到边缘分布密度为

$$m(R;a,b) = \int_0^1 \pi(R;a,b) R^s (1-R)^{n-s}\mathrm{d}R \tag{2-24}$$

$m(R;a,b)$ 的大小反映先验分布的合理程度，因此，超参数的取值应满足

$$m(R;\hat{a},\hat{b}) = \sup_{\substack{a\geqslant 0\\ b\geqslant 0}} \{m(R;a,b)\} \tag{2-25}$$

满足式（2－25）的 a、b 可由下式解出：

$$\begin{cases} \dfrac{\partial m(R;a,b)}{\partial a} = 0 \\ \dfrac{\partial m(R;a,b)}{\partial b} = 0 \end{cases} \tag{2-26}$$

显然，很难得到 a、b 的解析表达式，只能对式（2－26）求数值解。

特别的，在无先验信息的情况下，超参数 a 和 b 有多种选择，如 Beta(0,0)、Beta(1,1)、Beta(1/2,1/2) 等，本书将在第 3 章进一步研究这一问题。

参考文献

[1] 曹晋华，程侃．可靠性数学引论［M］．北京：科学出版社，1986.

[2] 周源泉，翁朝曦．可靠性评定［M］．北京：科学出版社，1990.

[3] 陈希孺．数理统计引论［M］．北京：科学出版社，1981.

[4] 郑忠国．关于可靠性评估中的数据转换问题［J］．质量与可靠性，1995（1）：23－25

[5] 张金槐．武器装备小子样试验分析与评估［M］．北京：国防工业出版社，2001.

[6] 王振帮．成败型系统可靠性综合评定的 H 熵法［J］．系统工程与电子技术，1989，11（8）：66－71.

[7] 董海平．燃爆产品可靠性评估方法研究［R］．北京：北京理工大学，2003：7－23，36－38.

[8] Stevens W L. Fiducial limits of the parameter of a discontinuous distribution［J］. Biometrika, 1950, 37（1－2）：117－129.

[9] Abdel－wahid A R, Winterbottom A. The approximation of system reliability posterior distribution［J］. Journal of Statistical Planing and Inference, 1987, 16（1，2）：267－275.

[10] Winterbottom A. Asymptotic expansions to improve large sample confidence intervals for system reliability［J］. Biometrika, 1980, 67（2）：351－357.

[11] 赵勇辉，李国英，于丹．基于贝叶斯估计的系统可靠性综合方法［J］．科学通报，1999，44（10）：1038－1041.

[12] 赵勇辉，程侃，于丹．利用先验信息修正经典限的可靠性评估方法［J］．系统工程理论与实践，2002，22（5）：71－75.
[13] 张士峰．复杂系统的 Bayes 可靠性评估［J］．航天控制，2000，18（2）：72－79.
[14] 肖刚．基于折合信息的固体火箭发动机可靠性综合评估［J］．西安交通大学学报，1999，33（7）：33－36.
[15] 宋保维，鱼雷系统可靠性理论与方法研究［D］．西安：西北工业大学，1999：80－97.
[16] 茆诗松．贝叶斯统计［M］．北京：中国统计出版社，1999.
[17] 李荣，蔡洪，王慧频．多源验前信息之下贝叶斯可靠性评估［J］．模糊系统与数学，1997，11（3）：21－25.
[18] Dyer D, Chiou P. An information theoretic approach to incorporating prior information in binomial sampling ［J］. Communication in Statistics－Theory and Methods, 1984, 13（17）: 2051－2083.
[19] Savhuk V P, Martz H F. Bayes reliability estimation using multiple sources of prior information: binomal sampling ［J］. IEEE Transactions on Reliability, 1994, 43（1）: 43－51.
[20] 马智博．利用多种信息源的可靠性评估方法［J］．计算物理，2003，20（5）：391－198.
[21] 张金槐，张士峰．验前大容量仿真信息“淹没”现场小子样试验信息问题［J］．飞行测控学报，2003，22（3）：1－6.
[22] Kleyner A, et al. Bayesian techniques to reduce the sample size in automotive electronics attribute testing ［J］. Microelectron Reliability, 1997, 37（6）: 879－883.
[23] 张士峰．成败型产品可靠性的贝叶斯评估［J］．兵工学报，2001，22（2）：238－240.
[24] Bishop Y M M, Fienberg S E, Holland P W. 离散多元分析：理论与实践［M］．张尧庭，译．北京：中国统计出版社，1998.
[25] Fisher R A , Yates F. Statistical tables for biological, agricultural, and medical research ［J］. Oliver & Boyd, Edinburgh, 1963: 86.
[26] 张志华，姜礼平．成败型产品的 Bayes 鉴定试验方案研究［J］．海军工程大学学报，2004，16（1）：9－13.
[27] Brook R J. On the use of a regret function to set significance points in prior tests of estimation ［J］. Journal of the American Stastical Association, 1976, 71（153）: 126－131.
[28] Pandey B N. Shrinkage estimation of the expoential scale parameter ［J］. IEEE Transactions on Reliability, 1983, 32（2）: 203－205.
[29] Chiou P. A preliminary test estimator of reliability in a life－testing model ［J］. IEEE Transactions on Reliability, 1987, 36（4）: 408－410.
[30] Pandy M. Shrunken estimator of weibull shape parameter in censored samples ［J］. IEEE Transactions on Reliability, 1983, 32（2）: 202－203.
[31] Chandra N K. On the efficiency of a testimator for the Weibull shape parameter ［J］. Communication in Statistics－Theory and Methods, 1990, 19（4）: 1247－1259.
[32] Pandey B N. Shinkage testimators for the shape parameter of Weibull distribution under type II censoring ［J］. Communication in Statistics－Theory and Methods, 1989, 18（4）: 1175－1199.

第3章 无信息先验分布与多层贝叶斯方法

在可靠性评定中，主观经验的使用一直是容易引起争议的问题。但是，很多情况下，使用主观经验是不可避免的选择，尽管有时在形式上做得隐蔽。贝叶斯方法不仅不排斥主观经验，而且把它视为先验信息的一部分。另外，随着在各领域内使用主观经验的成功案例越来越多，一些可靠性工作者开始公开支持使用主观经验。

在工程实际中，专家和技术人员的实践经验是非常宝贵的，恰当地使用这些经验，不仅可以解决理论上的一些难点，还可以节省大量的试验费用。所以在工程应用中不应排斥主观经验，而应研究在具体问题中如何合理地综合这些经验并恰当地使用它们。本章研究了与二项分布有关的两个问题：一是在没有先验数据的情况下，如何确定先验分布；二是对多层贝叶斯方法，如何综合专家经验确定超先验分布。

3.1 无信息先验分布的确定方法

如第2章所述，对于成败型试验的总体（二项分布），其分布参数 R（成功率）的先验分布通常是使用其共轭先验 Beta(a,b)，于是问题就转变为：在没有先验信息的情况下如何确定超参数 a 和 b。通常的做法是取先验分布为 Beta$(0,0)$、Beta$(1/2,1/2)$ 或 Beta$(1,1)$。在解决具体的工程问题时，确定哪一个作为先验分布，是需要研究的问题。

3.1.1 无信息先验分布的判定准则

从不同的观点和角度出发可以得到不同的先验分布的判定准则，常见的可用于二项分布的有贝叶斯假设、Reformulation 方法、Jeffreys 准则（或 Box -

Tiao 技术)、最大熵法(Maximal Data Information Prior Distribution, MDIP)等。以下对这些准则做简要的阐述,详细内容见相关文献。

1. 贝叶斯假设

贝叶斯提出:假定未知参数在其可能的取值范围内具有等可能性,即当未知参数为连续随机变量,则假定它服从某一区间上的均匀分布;如果未知参数是仅取有限个值的离散随机变量,则假定取这些值的概率相等。

对于二项分布,未知参数 R 的取值范围为 $[0,1]$,按贝叶斯假设,R 的先验分布为 $[0,1]$ 上的均匀分布,即 $\mathrm{Beta}(1,1)$。

2. Reformulation 方法

Reformulation 方法也称为朴素的不变性方法,其出发点是考虑问题的统计结构。具体地说,对问题进行变换或 Reformulation(改变其表述方式),如果问题的统计结构不变,从直观就可以想到,变换不会影响参数的无信息先验分布。Berger 对该方法的评论是:Reformulation 方法是确定无信息先验分布的几种方法中最有用的。

对于二项分布,由 Reformulation 方法,未知参数 R 的先验分布为 $\mathrm{Beta}(0,0)$。另外,Hartigan 用 ALI(Asymptotically Locally Invariant)方法也推导出了同样的结果。

3. Jeffreys 准则

贝叶斯假设中隐含着一个矛盾:如果假定未知参数 θ 服从均匀分布,则将参数换成 θ 的单调函数 $g(\theta)$ 时,由于问题是不变的,因此按贝叶斯假设,$g(\theta)$ 也应该服从均匀分布。这就导致了不协调,因为 θ 服从均匀分布时,$g(\theta)$ 一般不再服从均匀分布;反之亦然。

为了克服这一矛盾,Jeffreys 提出了建立在 Fisher 信息基础上的方法:先验分布密度 $\pi(\theta)$ 应满足

$$\pi(\theta) \propto (\det \boldsymbol{I}(\theta))^{1/2} \tag{3-1}$$

式中:$\boldsymbol{I}(\theta)$ 为 Fisher 信息矩阵,它是非负定的。

对于二项分布,按 Jeffreys 准则很容易推导出 R 的先验分布为 Beta(1/2, 1/2)。

4. 最大熵法

Zellner 提出了基于信息熵的 MDIP 方法,但该方法不严格,且未进行唯一性证明,而这些存在的问题由张尧庭给予了全面的解决。

从信息论的角度来看,无信息意味着不确定性最大,而熵是不确定性的度量,因此先验分布应具有最大熵才能是无信息的。

熵的定义如下:

当 $X \sim p(x)$ 时,有

$$-\int p(x)\ln p(x)\,\mathrm{d}x \quad 或 \quad -\sum p_i \ln p_i \tag{3-2}$$

在区间 (a,b) 上，当 $-\infty < a < b < \infty$ 时，熵最大的分布是均匀分布。所以，对于二项分布，由最大熵法，R 的先验分布为 Beta（1，1）。

综上所述，对于二项分布的无信息先验分布的选取，有如下定理。

定理 3.1 对于二项分布中的成功率 R：

（1）由贝叶斯假设和最大熵法，其先验分布密度为 Beta（1，1）；

（2）由 Jeffreys 准则，其先验分布密度为 Beta（1/2，1/2）；

（3）由 Reformulation 方法和 ALI 方法，其先验分布密度为 Beta（0，0）。

上述三种无信息先验分布中，Beta（0，0）$= R^{-1}(1-R)^{-1}$ 不是正常的密度函数，而是广义先验，Beta（1/2，1/2）和 Beta（1，1）都是正常的密度函数。

另外，还有其他一些方法可以用来选取无信息先验分布，如使用 Haar 测度等。对于二项分布中成功率 R，在理论上还探讨过一种无信息先验分布密度 $\pi(R) = R^R(1-R)^R$，但鲜见其工程应用，所以本书没有对此进行研究。

3.1.2 几种无信息先验分布的比较

在定理 3.1 中可以看到，三种无信息先验分布在理论上都具有各自的合理性。茆诗松指出：无论采用哪一个作为先验分布，对贝叶斯统计推断的结果的影响都是很小的。事实上却未必如此。

定理 3.2 先验分布分别取 Beta（0，0）、Beta（1/2，1/2）、Beta（1，1）时，对于给定的置信水平于 $1-\alpha$ 和试验结果 (s,f)，所对应的可靠度下限分别为 R_L^1、R_L^2、R_L^3。当 $s>f$ 时，有

$$R_L^1 > R_L^2 > R_L^3 \tag{3-3}$$

这里，如果 $s=0$ 或 $f=0$ 时，则 R_L^1 不存在。

下面通过模拟计算考察 R_L^1、R_L^2、R_L^3 之间的差异，在 R 为 0.99、0.95、0.90、0.85、0.80、0.75、0.70、0.65、0.60、0.55、0.50 情况下，按样本量 n 为 5、8、10、15、20、30、40、60、80、100 产生一组二项分布的随机数。每组 5000 个，按三种不同的先验分布计算可靠度下限 R_L^1、R_L^2、R_L^3，并对这 5000 R_L^i 个计算其平均值和冒进比率（$R_L^i > R$ 的百分比）。平均值较低，说明由该方法所得到的可靠度下限趋于保守。冒进比率较高，说明由该方法所得到的可靠度下限有冒进的趋势。由于 Beta（0，0）不能用于“0 失效”的情况，为了便于对比，将产生的随机数分成没有“0 失效”和有“0 失效”（全部）两种情况。受篇幅所限，表 3-1 中只列出部分结果。本书中所有计算均使用

Matlab 完成。

表 3-1 R_L^1、R_L^2、R_L^3 的差异

先验分布		$n=5$		$n=10$		$n=20$		$n=40$		R	$1-\alpha$
		平均值	冒进比率	平均值	冒进比率	平均值	冒进比率	平均值	冒进比率		
Beta(0, 0)	不含“0 失效”	0.51184	0	0.70345	0	0.79571	0	0.83663	0.2129	0.90	0.9
Beta (1/2, 1/2)	含“0 失效”	0.65361	0	0.73805	0	0.79204	0.1218	0.82708	0.0792		
	不含“0 失效”	0.47634	0	0.66517	0	0.77216	0	0.82474	0.0638		
Beta(1, 1)	含“0 失效”	0.58077	0	0.69700	0	0.76971	0	0.51593	0.0792		
	不含“0 失效”	0.45668	0	0.63688	0	0.75217	0	0.81377	0.0638		

先验分布		$n=5$		$n=10$		$n=20$		$n=40$		R	$1-\alpha$
		平均值	冒进比率	平均值	冒进比率	平均值	冒进比率	平均值	冒进比率		
Beta(0, 0)	不含“0 失效”	0.45038	0	0.60977	0	0.68384	0.1940	0.71789	0.1560	0.80	0.9
Beta (1/2, 1/2)	含“0 失效”	0.53817	0	0.61697	0.1124	0.67101	0.0640	0.71046	0.0772		
	不含“0 失效”	0.42712	0	0.58412	0	0.66806	0.0536	0.71041	0.0770		
Beta(1, 1)	含“0 失效”	0.50068	0	0.59269	0.1124	0.65770	0.0640	0.70343	0.0772		
	不含“0 失效”	0.41538	0	0.56503	0	0.65505	0.0536	0.70338	0.0770		

先验分布		$n=5$		$n=10$		$n=20$		$n=40$		R	$1-\alpha$
		平均值	冒进比率	平均值	冒进比率	平均值	冒进比率	平均值	冒进比率		
Beta(0, 0)	不含“0 失效”	0.38591	0	0.51384	0.1260	0.57178	0.1087	0.60608	0.1034	0.70	0.9
Beta (1/2, 1/2)	含“0 失效”	0.43764	0.1604	0.51079	0.1526	0.56405	0.1094	0.60191	0.1034		
	不含“0 失效”	0.37476	0	0.49966	0.1260	0.56375	0.1087	0.60191	0.1034		
Beta(1, 1)	含“0 失效”	0.41983	0	0.49878	0.0298	0.55700	0.1094	0.59798	0.1034		
	不含“0 失效”	0.37106	0	0.48928	0	0.55672	0.1087	0.59798	0.1034		

从模拟计算的结果可以看到：

（1）使用不同先验分布所得到的可靠性下限的差异，随着样本量增大而减小。$n>40$ 后，这种差异已经不明显；而样本量较小时，差异是显著的。

（2）当可靠度 R 高（大于0.85）、样本量小（小于30）时，先验分布采用 Beta（0，0）进行可靠性评定是比较合适的；而可靠度 R 低（小于0.70）、样本量大（大于40）时，先验分布应采用 Beta（1，1）；介于二者之间的情况则应采用 Beta（1/2，1/2）。

模拟计算的结果可以解释在工程问题上采用不同的无信息先验分布的原因。比如，在运载火箭的可靠性评定中，周源泉、ЕПИФАНОВ 等大力推荐使用 Beta（0，0），而在其他领域却有专家对 Beta（0，0）提出质疑。事实上，由于运载火箭对可靠性的要求很高，设计、材料、工艺上精益求精，且地面试验充分，在这样的条件下生产出来的产品必然具有很高的可靠性，而其他产品则未必能够做到。

3.1.3 模糊综合评判的应用

上述分析表明，采用哪一个无信息先验分布，取决于对未知总体的先验认识。“无信息”，并不一定是一无所知的，通过对产品的设计、材料、工艺、制造等方面的了解，总能够对产品的可靠性水平有一定的认识，只不过这种认识是经验性的、主观性的。如果认为产品的可靠性很高，则可以采用 Beta（0，0）；如果认为产品的可靠性处于中等水平，则可以采用 Beta（1/2，1/2）；如果对产品的可靠性完全没有把握，则从保守的角度考虑应采用 Beta（1，1）。

把人们对产品可靠性的先验认识分为以上的三个级别略显粗糙，实际使用时容易集中在中间一级，即采用 Beta（1/2，1/2）。为此，构造两个混合贝塔分布［Beta（0，0）+Beta（1/2，1/2）］/2 和［Beta（1/2，1/2）+Beta（1，1）］/2 作为无信息先验分布。把由它们所得可靠性下限分别记为 R_L^4 和 R_L^5。

定理 3.3 对给定的置信水平 $1-\alpha$ 和试验结果 (s,f)，当 $s>f$ 时，有

$$R_L^1 > R_L^4 > R_L^2 > R_L^5 > R_L^3 \tag{3-4}$$

证明：令

$$\psi(x)=\frac{M\cdot \mathrm{B}(1/2,1/2)\int_x^1 R^{s-1}(1-R)^{f-1}\mathrm{d}R+\int_x^1 R^{1/2+s-1}(1-R)^{1/2+f-1}\mathrm{d}R}{M\cdot \mathrm{B}(1/2,1/2)\int_0^1 R^{s-1}(1-R)^{f-1}\mathrm{d}R+\int_0^1 R^{1/2+s-1}(1-R)^{1/2+f-1}\mathrm{d}R}$$

式中：$M>0$。

即

$$\mathrm{Beta}\ (0,\ 0)=M\cdot R^{-1}(1-R)^{-1}$$

显然，对于给定的 s 和 f，$\psi(x)$ 是单调减函数。

由于

$$\frac{\int_{R_L^1}^1 R^{s-1}(1-R)^{f-1}\mathrm{d}R}{\int_0^1 R^{s-1}(1-R)^{f-1}\mathrm{d}R}=1-\alpha$$

且

$$\frac{\int_{R_L^2}^1 R^{1/2+s-1}(1-R)^{1/2+f-1}\mathrm{d}R}{\int_0^1 R^{1/2+s-1}(1-R)^{1/2+f-1}\mathrm{d}R}=1-\alpha$$

于是有

$$\frac{M\cdot \mathrm{B}(1/2,1/2)\int_{R_L^1}^{1}R^{s-1}(1-R)^{f-1}\mathrm{d}R+\int_{R_L^2}^{1}R^{1/2+s-1}(1-R)^{1/2+f-1}\mathrm{d}R}{M\cdot \mathrm{B}(1/2,1/2)\int_{0}^{1}R^{s-1}(1-R)^{f-1}\mathrm{d}R+\int_{0}^{1}R^{1/2+s-1}(1-R)^{1/2+f-1}\mathrm{d}R}=1-\alpha$$

再由式（3-3）$R_L^1 > R_L^2$，所以

$$\psi(R_L^1) < 1-\alpha,\quad \psi(R_L^2) > 1-\alpha$$

而

$$\psi(R_L^4) = 1-\alpha$$

故

$$R_L^1 > R_L^4 > R_L^2$$

同理，可证

$$R_L^2 > R_L^5 > R_L^3$$

这样可以把人们对产品可靠性的先验认识分为很高、较高、中等、偏低、完全未知五个级别，与之相对应的先验分布分别为 Beta（0，0）、［Beta（0，0）+Beta（1/2，1/2）］/2、Beta（1/2，1/2）、［Beta（1/2，1/2）+Beta（1，1）］/2、Beta（1，1）。综合专家和工程技术人员对产品的先验认识，使用综合评判法，可以比较准确地确定先验分布。综合评判的方法有多种，这里使用带信任度的德尔菲法。做法如下：

第一步：指定一个阈值 λ（$1/2 < \lambda < 1$），作为专家意见集中程度的下界。请 n 个专家根据各自的经验和对产品的了解，独立给出对产品可靠度的一个判断，即 1 级（很高）、2 级（较高）、3 级（中等）、4 级（偏低）、5 级（完全未知）。

第二步：统计选择各级别的专家人数 N_i 并计算 $M_i = N_i/n$（$i = 1,2,3,4,5$）。若对每一个 i 都有 $M_i < \lambda$，则重复第一步，并把统计结果（M_1,M_2,M_3,M_4,M_5）返回给专家参考。直到出现一个 k，使得 $M_k \geqslant \lambda$。

第三步：请专家做最后一次判断，并给出判断的信任度 γ_j（$j = 1,2,\cdots,n$）。设定信任度的下限 γ_0，略去信任度小于 γ_0 的专家的意见。重新统计（M_1,M_2,M_3,M_4,M_5），记 $M = \max\{M_1,M_2,M_3,M_4,M_5\}$，则 M 所对应的级别 K 即为最后的评判结果。选择级别 K 的专家数为 N_K，他们各自给出的信任度记为 $\gamma_1^{(K)},\gamma_2^{(K)},\cdots,\gamma_{N_K}^{(K)}$，那么，$\gamma = \frac{1}{N_K}\sum_{j=1}^{N_K}\gamma_j^{(K)}$ 为评判结果的信任度。

3.2 区间数在多层贝叶斯方法中的应用

在贝叶斯方法中，对先验信息的利用是通过先验分布实现的。在先验分布中一般会有新的参数——超参数，记为 θ 。当历史数据不充分，甚至没有历史数据时，确定超参数是比较困难的。对于二项分布，可以考虑采用 3.1 节中的方法，通过综合专家经验选择无信息先验分布。或者请有关专家根据经验和对产品的了解情况直接给出超参数 θ 的估计值。但上述方法的前提条件是专家意见比较集中，如果专家的意见出现不可调和的两个极端，直接综合专家意见就变得比较困难，而且综合的结果也容易招致各方面的批评。

此时，多层贝叶斯方法是一个较好的选择。该方法是 Lindley 和 Smith 于 1972 年提出的，即对超参数再给出一个先验分布，称为第二先验或超先验，这就是多层贝叶斯方法。第二先验中同样会有未知参数，记为 μ ，请专家给出 μ 的估计值，这样用两步完成先验分布的确定比一次完成先验分布的确定使结果更稳健。另外，选择使用多层贝叶斯方法的原因与“0 失效”有关，这方面的研究参见相关文献。

在大部分情况下，第二先验取某个区间上的均匀分布，即取 θ 的先验分布为 $[a^{\mathrm{L}},a^{\mathrm{U}}]$ 上的均匀分布。请专家给出 a^{L} 和 a^{U} 的估计值，实际上是给出 θ 可能取值的范围，这比要求专家直接给出 θ 估计值要容易做到，专家也更有信心。于是问题归结为：如何由 n 个专家分别给出的区间 $[a_j^{\mathrm{L}},a_j^{\mathrm{U}}](j=1,2,\cdots,n)$，得到能很好地综合专家集体意见的区间 $[a^{\mathrm{L}},a^{\mathrm{U}}]$ 。

3.2.1 主观经验的综合方法——区间数

定义 3.1 设 $\mathbf{R}$ 为实数域，称闭区间 $[x^{\mathrm{L}},x^{\mathrm{U}}]$ 为区间数，用 $\tilde{x}$ 表示，其中 $x^{\mathrm{L}},x^{\mathrm{U}}\in\mathbf{R}$, $x^{\mathrm{L}}<x^{\mathrm{U}}$ 。

显然，在本书所考虑的情况下，区间数是不会出现两端点重合的“退化区间”的。可以把 $[a_j^{\mathrm{L}},a_j^{\mathrm{U}}](j=1,2,\cdots,n)$ 理解成第 j 个专家对超参数 θ 的评价（区间数的形式），同时要求专家给出对这一评价的信任度 $\tilde{v}_j=[v_j^{\mathrm{L}},v_j^{\mathrm{U}}]$ $(j=1,2,\cdots,n)$ ，且 $[v_j^{\mathrm{L}},v_j^{\mathrm{U}}]\subset[0,1]$ 。在实际应用中，以区间数的形式表达专家的信任度比用一个实数表达要更加合理，也更容易做到。把 $\tilde{v}_j=[v_j^{\mathrm{L}},v_j^{\mathrm{U}}](j=1,2,\cdots,n)$ 做如下处理：

令

$$\phi=\sum_{j=1}^{n}\frac{v_j^{\mathrm{L}}+v_j^{\mathrm{U}}}{2}$$

$$w_j^{\mathrm{L}} = v_j^{\mathrm{L}}/\phi, \quad w_j^{\mathrm{U}} = v_j^{\mathrm{U}}/\phi \quad (j = 1,2,\cdots,n) \tag{3-5}$$

得到区间数 $\tilde{w}_j = [w_j^{\mathrm{L}}, w_j^{\mathrm{U}}] (j = 1,2,\cdots,n)$ 满足

$$\sum_{j=1}^{n} w_j^{\mathrm{L}} \leqslant 1, \quad \sum_{j=1}^{n} w_j^{\mathrm{U}} \geqslant 1 \quad (w_j^{\mathrm{L}}, w_j^{\mathrm{U}} \geqslant 0; j = 1,2,\cdots,n) \tag{3-6}$$

由于每个专家对实际工程问题的了解程度不同，所以对所给出的 $[a_j^{\mathrm{L}}, a_j^{\mathrm{U}}]$ 的信任度 $[v_j^{\mathrm{L}}, v_j^{\mathrm{U}}]$ 也不相同，那么把 $\tilde{w}_j = [w_j^{\mathrm{L}}, w_j^{\mathrm{U}}] (j = 1,2,\cdots,n)$ 作为权重向量是合理的。根据多属性决策分析的加权法则，关于 θ 的综合评价 $[a^{\mathrm{L}}, a^{\mathrm{U}}]$ 可以分别由下列两个线性规划模型求得：

$$a^{\mathrm{L}} = \min\left\{ \sum_{j=1}^{n} a_j^{\mathrm{L}} . w_j \mid w_j^{\mathrm{L}} \leqslant w_j \leqslant w_j^{\mathrm{U}} \quad (j = 1,2,\cdots,n), \sum_{j=1}^{n} w_j = 1 \right\} \tag{3-7}$$

$$a^{\mathrm{U}} = \min\left\{ \sum_{j=1}^{n} a_j^{\mathrm{U}} . w_j \mid w_j^{\mathrm{L}} \leqslant w_j \leqslant w_j^{\mathrm{U}} \quad (j = 1,2,\cdots,n), \sum_{j=1}^{n} w_j = 1 \right\} \tag{3-8}$$

关于式（3-7）、式（3-8）的计算已有很多程序，本书中是用 Matlab 优化工具箱中的 Lq 函数实现的。

3.2.2 二项分布的多层贝叶斯方法

对未知参数 η，其先验分布记为 $\pi_1(\eta,\theta)$，其中，θ 为超参数。对超参数 θ 再给一个超先验记为 $\pi_2(\theta)$，那么多层先验的一般形式为

$$\pi(\eta) = \int_{\Lambda} \pi_1(\eta,\theta)\pi_2(\theta)\mathrm{d}\theta \tag{3-9}$$

式中：Λ 为 θ 的取值范围。

通常，超先验取某个区间上的均匀分布，即取 $\pi_2(\theta)$ 为 $[a^{\mathrm{L}}, a^{\mathrm{U}}]$ 上的均匀分布。请专家给出 a^{L} 和 a^{U} 的估计值，也就是给出 θ 的可能取值范围。

对于二项分布，由于所取先验分布的不同，使得多层贝叶斯方法在形式上也会有所不同。下面考虑两种情况。

1. $(a, 1)$ 上的均匀分布

若只知道可靠度 $\boldsymbol{R}$ 在（0, 1）内，可以考虑 3.1 节中的方法，选择无信息先验分布。如果根据专家经验可以给出 R 的一个（比较保守的）下限 a，把 $(a, 1)$ 上的均匀分布作为 R 的先验分布就更加合理。如果专家不能根据自己的经验准确地给出 a 的具体值，就再取 a 的先验分布为 $[a^{\mathrm{L}}, a^{\mathrm{U}}]$ 上的均匀分布 $(0 < a^{\mathrm{L}} < a^{\mathrm{U}} < 1)$。一般来说，专家给出 a 的区间（取值的范围）比给出 a 的具体值要容易，而且把握也比较大。而对专家意见的综合，可通过上述区间

数的综合方法实现。

综上所述，取可靠度 R 的第一先验为（a，1）上的均匀分布，密度为

$$\pi_1(R;a)=\begin{cases}1/(1-a) & (a<R<1)\\ 0 & (\text{其他})\end{cases} \tag{3-10}$$

第二先验为 $[a^{\mathrm{L}},a^{\mathrm{U}}]$ 上的均匀分布，密度为

$$\pi_2(a)=\begin{cases}1/(a^{\mathrm{U}}-a^{\mathrm{L}}) & (a^{\mathrm{L}}<a<a^{\mathrm{U}})\\ 0 & (\text{其他})\end{cases} \tag{3-11}$$

则由式（3-9）可得，R 的多层先验密度为

$$\pi(R)=\int_{a^{\mathrm{L}}}^{a^{\mathrm{U}}}\pi_1(R;a)\pi_2(a)\mathrm{d}a$$

$$=\begin{cases}0 & (0<R<a^{\mathrm{L}})\\ \dfrac{1}{a^{\mathrm{U}}-a^{\mathrm{L}}}[\ln(1-a^{\mathrm{L}})-\ln(1-R)] & (a^{\mathrm{L}}<R<a^{\mathrm{U}})\\ \dfrac{1}{a^{\mathrm{U}}-a^{\mathrm{L}}}[\ln(1-a^{\mathrm{L}})-\ln(1-a^{\mathrm{U}})] & (a^{\mathrm{U}}<R<1)\end{cases} \tag{3-12}$$

试验并得到样本 (n,s) 后，由式（2-8）可得后验密度为

$$\pi(R\mid n,s)=\frac{R^s(1-R)^{n-s}\pi(R)}{\int_0^1 R^s(1-R)^{n-s}\pi(R)\mathrm{d}R} \tag{3-13}$$

式（3-13）不易化简，特别是计算分母的积分比较麻烦，在后面的算例中，是用 Matlab 计算的。当 $n=s$，即“0 失效”时，可以得到一个简单的形式，此时后验密度为

$$\pi(R\mid n)=\begin{cases}0 & (0<R\leqslant a^{\mathrm{L}})\\ A[\ln(1-a^{\mathrm{L}})-\ln(1-R)]R^n & (a^{\mathrm{L}}<R\leqslant a^{\mathrm{U}})\\ A[\ln(1-a^{\mathrm{L}})-\ln(1-a^{\mathrm{U}})]R^n & (a^{\mathrm{U}}<R<1)\end{cases} \tag{3-14}$$

式中

$$A^{-1}=\frac{1}{n+1}\left[\ln\frac{1-a^{\mathrm{L}}}{1-a^{\mathrm{U}}}+\sum_{i=n+2}^{\infty}\frac{(a^{\mathrm{L}})^i-(a^{\mathrm{U}})^i}{i}\right]$$

2. 共轭先验

若取可靠度 R 的先验分布为共轭先验，即第一先验为 Beta (a,b)，密度函数为

$$\pi_1(R;a,b)=\mathrm{Beta}(a,b)=\frac{1}{\mathrm{B}(a,b)}R^{a-1}(1-R)^{b-1}\quad(0\leqslant R\leqslant 1) \tag{3-15}$$

由于 Beta (a,b) 中有两个超参数，于是对应的第二先验也有两个，分别为 $[a^{L},a^{U}]$ 上和 $[b^{L},b^{U}]$ 上的均匀分布，密度为

$$\pi_{21}(a)=\begin{cases}1/(a^{U}-a^{L}) & (a^{L}<a<a^{U})\\ 0 & (\text{其他})\end{cases} \tag{3-16}$$

$$\pi_{22}(a)=\begin{cases}1/(b^{U}-b^{L}) & (b^{L}<b<b^{U})\\ 0 & (\text{其他})\end{cases} \tag{3-17}$$

同样，由式（3-9）可得，R 的多层先验密度为

$$\begin{aligned}\pi(R)&=\int_{b^{L}}^{b^{U}}\int_{a^{L}}^{a^{U}}\pi_1(R;a,b).\ \pi_{21}(a)\pi_{22}(b)\mathrm{d}a\mathrm{d}b\\&=\frac{\int_{b^{L}}^{b^{U}}\int_{a^{L}}^{a^{U}}\frac{1}{\mathrm{B}(a,b)}R^{a-1}(1-R)^{b-1}\mathrm{d}a\mathrm{d}b}{(a^{U}-a^{L})(b^{U}-b^{L})}\end{aligned} \tag{3-18}$$

得到样本 (n,s) 后，由式（2-8）可得后验密度为

$$\begin{aligned}\pi(R\mid n,s)&=\frac{R^{s}(1-R)^{n-s}\pi(R)}{\int_0^1 R^{s}(1-R)^{n-s}\pi(R)\mathrm{d}R}\\&=\frac{\int_{b^{L}}^{b^{U}}\int_{a^{L}}^{a^{U}}\frac{1}{\mathrm{B}(a,b)}R^{a+s-1}(1-R)^{b+n-s-1}\mathrm{d}a\mathrm{d}b}{\int_{b^{L}}^{b^{U}}\int_{a^{L}}^{a^{U}}\frac{\mathrm{B}(a+s,b+n-s-1)}{\mathrm{B}(a,b)}\mathrm{d}a\mathrm{d}b}\end{aligned} \tag{3-19}$$

当 $n=s$，即“0 失效”时，按照“无失效时 R 大的可能性大，而 R 小的可能性小”的原则，确定 $a>1$ 和 $0<b<1$，并分别取第二先验为 $(1,c)$ 和 $(0,1)$ 上的均匀分布，即式（3-16）~式（3-19）中取：$a^{L}=1,a^{U}=c,b^{L}=0,b^{U}=1$。

在上述两种情况中：如果第一先验分布取（a，1）上的均匀分布，超参数 a 为可靠度 R 的可能取值的下界，其意义明确，便于专家（特别是工程技术方面的专家）进一步给出它的取值范围。如果第一先验分布取为 Beta(a,b)，超参数 a、b 的意义就远不如第一种情况中直接、明了；多层先验密度式（3-18）与后验密度式（3-19）也不再是共轭的，使用贝塔分布的优点就不复存在。所以本书中选择（a，1）上的均匀分布作为第一先验分布。

3.2.3 算例

某型号制导弹药，在研制阶段对初样机进行试验（成败型），现场试验的数量很小，只有 8 发，现需要依据试验结果进行可靠性评定，以便了解初样机的可靠性水平。

下面分别用三种方法确定先验分布，然后进行评定，并比较其结果。

方法一：按贝叶斯假设，R 的先验分布取为（0，1）上的均匀分布。

方法二：R 的先验分布取为（a，1）上的均匀分布，由专家直接给出 a 的估计值。

请 8 位专家独立地给出 a 的估计值，为了便于比较将专家分成两组：第一组（1～4 号）是负责该产品设计、生产方面的专家；第二组（5～8 号）来自科研院所，是了解该产品并熟悉可靠性理论的专家。专家意见汇总见表 3－2。

表 3－2　专家意见汇总

专家序号	1	2	3	4	5	6	7	8
a 的估计值	0.70	0.80	0.75	0.80	0.40	0.50	0.50	0.55

方法三：R 的先验分布取为（a，1）上的均匀分布，由专家给出 a 的估计区间（区间数），并给出对此区间数的信任水平。专家意见汇总（区间数）见表 3－3。

表 3－3　专家意见汇总（区间数）

专家序号		1	2	3	4	5	6	7	8
a 的估计区间	下限	0.50	0.60	0.50	0.70	0.30	0.40	0.30	0.40
	上限	0.80	0.90	0.90	0.90	0.70	0.60	0.70	0.60
信任度	下限	0.60	0.60	0.70	0.60	0.80	0.70	0.80	0.70
	上限	0.70	0.70	0.80	0.70	0.90	0.80	0.90	0.80

初样机的现场试验：8 发试验，2 发失败，即 $n=8$，$f=2$。按上述不同方法进行可靠性评定，在置信水平 $1-\alpha=0.9$ 下，计算可靠性下限 R_L。可靠性评定结果的比较见表 3－4。

表 3－4　可靠性评定结果的比较

方法		a	R_L
方法一		0	0.50992
方法二	第一组	0.7625	0.77571
	第二组	0.4875	0.55434
	平均	0.6250	0.65962
方法三	第一组	(0.5666，0.8778)	0.65622
	第二组	(0.3438，0.6562)	0.58619
	综合	(0.4426，0.7627)	0.63097

咨询两组专家了解到，第一组专家详细掌握研制过程各环节的情况，知道系统的大部分元件和子系统都做过较充分的试验，应该具有较高的可靠性；但由于是初样机，对于系统的设计方案和系统的组装过程并不是十分放心，所以第一组专家给出的 a 的估计较高，但只有百分之六七十的信任度。而第二组专家从国内外同类或相似产品的研制中得到的经验出发，认为初样机的可靠性一般是最终正样机的 30% ~70%，并且对这一判断具有较高的信任度。

由于难以区分两组专家的重要程度，所以方法二中使用了等权重。在表3-2中可以看到，两组专家的意见差异比较大。因此，把专家经验直接平均，进而得到可靠度的评定结果，两组专家都难以认同。在方法三中，由于使用了区间数，并以专家的信任度作为权重，使得两组专家意见的差异减小，这种方法具有稳健性，评定结果容易被各方面接受。

3.3 小　结

本章研究了在可靠性评定中主观经验的使用方法，包括两方面的内容：

（1）二项分布的无信息先验分布的确定方法。首先对确定无信息先验分布的准则做了简要的阐述。对常用的二项分布的 Beta（0，0）、Beta（1/2，1/2）、Beta（1，1）三种无信息先验分布，通过数据模拟进行了分析，说明无信息先验分布选取，反映了对未知总体的先验认识。构造了两个新的二项分布的无信息先验分布［Beta（0，0）+Beta（1/2，1/2）］/2 和［Beta（1/2，1/2）+Beta（1，1）］/2，并证明了由这两个新的无信息先验分布所得到的可靠度下限介于由 Beta（0，0）、Beta（1/2，1/2）、Beta（1，1）所得到的可靠度下限之间。提出了用带信任度的德尔菲法综合专家的经验，选择无信息先验分布。

（2）区间数在多层贝叶斯方法中的应用。一般情况下，多层贝叶斯方法中的超先验分布是某个区间上的均匀分布，而这个区间是由专家的主观经验得到的。本章提出了使用区间数对专家的主观经验进行综合的方法，最后通过实例说明这一方法便于专家意见达成一致，评定结果更容易被接受。

参考文献

[1] 周源泉，翁朝曦．可靠性评定［M］．北京：科学出版社，1990.

[2] 现代数学手册编纂委员会．现代数学手册：随机数学卷［M］．武汉：华中科技大学出版社，1999.

[3] 茆诗松．贝叶斯统计［M］．北京：中国统计出版社，1999.

[4] 周源泉．没有验前知识时的验前分布［J］．数学学报，1980，23（3）：359-371.

[5] Berger J O. Statistical Decision Theory and Bayesian analysis［M］. New York：Springer-Verlag，1980.

[6] Jeffreys H. Theory of Probability [M]. 3rd edition. Oxford: Clarendon Press, 1961.
[7] Zellner A. Basic Issues Econometrics [M]. Chicago: The University of Chicago Press, 1984.
[8] 张尧庭. 确定先验分布的 MDIP 方法和广义最大熵的准则 [R]. 武汉: 武汉大学统计学系技术报告, 1987.
[9] Kleyner A, et al. Bayesian techniques to reduce the sample size in automotive electronics attribute testing [J]. Microelectron Reliab. 1997, 37 (6): 879-883.
[10] 张士峰. 成败型产品可靠性的贝叶斯评估 [J]. 兵工学报, 2001, 22 (2): 238-240.
[11] 田军, 张朋柱, 王刊良, 等. 基于德尔菲法的专家意见集成模型研究 [J]. 系统工程理论与实践, 2004, 1 (1): 57-62.
[12] 陈建勋. 德尔菲法的知识自增值机制探析 [J]. 世界标准化与质量管理, 2005 (3): 31-33.
[13] 胡红波. 基于德尔菲法的未知水雷性能分析 [J]. 情报指挥控制系统与仿真技术, 2005, 27 (2): 12-14.
[14] 金菊良. 计算层次分析法中排序权值的加速遗传算法 [J]. 系统工程理论与实践, 2002, 22 (11): 39-43.
[15] 金菊良. 标准遗传算法的改进方案——加速遗传算法 [J]. 系统工程理论与实践, 2001, 21 (4): 8-13.
[16] 李延瑾. 带确信度的德尔菲法在立项评估中的应用 [J]. 武汉理工大学学报, 2001, 23 (6): 62-64.
[17] 杨伯忠, 杨静宇. 战场目标威胁程度多级模糊综合评判分析 [J]. 弹道学报, 2004, 16 (4): 92-96.
[18] 张家秀. 模糊综合评判法在统计分析中的应用 [J]. 安徽技术师范学院学报, 2004, 18 (6): 48-50.
[19] 常文兵. 综合评判法确定可靠性门限值 [J]. 飞机设计, 2005 (3): 71-75.
[20] 韩明. 无失效数据的可靠性分析 [M]. 北京: 中国统计出版社, 1999.
[21] 陈宜辉, 姜礼平, 吴树和. 基于最大后验风险的多层贝叶斯方法 [J]. 海军工程大学学报, 2002, 14 (5): 97-102.
[22] 田艳梅, 张志华. 成败型产品验收试验方案研究 [J]. 海军工程大学学报, 2003, 15 (5): 75-78.
[23] 田艳梅, 张志华, 郭尚峰. 二项分布下一种贝叶斯可靠性验收试验方案 [J]. 运筹与管理, 2004, 13 (4): 65-68.
[24] 韩明. 多层先验分布的构造及应用 [J]. 运筹与管理, 1997, 6 (3): 31-40.
[25] 韩明. 二项分布可靠度的贝叶斯、多层贝叶斯估计 [J]. 数理统计与应用概率, 1996, 11 (3): 232-239.
[26] Tanimo T, Qgowa T. An algorithm for solving two level convex optimazation problems [J]. Internationcal journal of systems science, 1984, 15 (2): 163-174.
[27] 张全. 不确定性多属性决策中区间数的一种排序方法 [J]. 系统工程与实践, 1999, 19 (5): 129-133.
[28] 周光明, 成央金. 不确定多属性决策中区间数的排序法 [J]. 湘潭大学社会科学学报, 2002, 26 (5): 28-29.
[29] 藩治平. 区间数多属性决策的一种目标规划方法 [J]. 管理工程学报, 2001, 14 (4): 59-52.

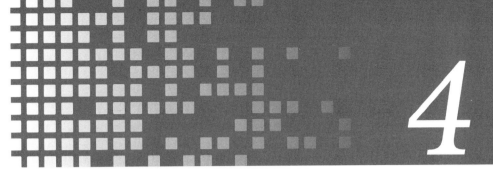

第4章
引信小子样可靠性试验信息融合方法

制导弹药小子样可靠性评定的难点在于全弹的现场试验数据太少。显然，如果仅仅使用这样少量的试验数据进行可靠性评定，难以得到较理想的结果。所以，充分利用全弹的现场试验以外的各种信息，成为解决制导弹药小子样可靠性评估问题的重要途径。充分利用现场试验以外的各种信息，需要解决如下两个方面的问题：

（1）信息融合的方法。在很多情况下这些信息往往是来自异（多）总体的，因此首先解决异（多）总体信息的融合问题。

（2）如何使用这些信息。本章中提出了两种方法：一种是用贝叶斯方法进行可靠性评定，其中使用混合先验分布进行异总体数据的融合，并给出了利用卡方拟合优度确定混合先验分布中的继承因子的方法；另一种是利用收缩估计将这些信息“折合”成现场试验数据，然后用 Fiducial 方法进行可靠性评定。

4.1 多源先验信息的融合

多源信息融合包含两个方面的情形：一方面是指先验信息是多（异）总体的；另一方面是指先验信息具有多种数据形式，如未知参数的点估计、区间估计、总体的分位数等。

使用贝叶斯方法的关键在于，利用先验信息确定先验分布。对于成败型试验的总体（二项分布），工程应用中先验分布通常使用其共轭先验 Beta（a，b），密度函数为

$$\pi(R) = \frac{\Gamma(a+b)}{\Gamma(a)\Gamma(b)}R^{a-1}(1-R)^{b-1} \quad (0 \leqslant R \leqslant 1) \tag{4-1}$$

式中：a、b 为先验分布的超参数。

有了先验分布，取得了现场试验数据（样本）(n,x)，其中，n 为试验

数，x 为成功数，就可以得到后验分布 $\pi(R \mid x) = \mathrm{Beta}(a+x, b+n-x)$。关于总体的任何统计推断，估计、检验等都是基于后验分布的。

超参数是利用先验信息确定的，就二项总体而言，当今国内外文献中有关于贝叶斯方法论述，确定先验分布中超参数 a 和 b 的有多种方法，参见 2.2 节及相关文献中相关内容。这些方法中大部分是基于历史样本的，即利用产品以前的试验数据。但应注意的是，对于新研制（或正在研制）的产品，其历史样本与样本一般来说是来自不同总体。产生这一情况的原因多种多样，例如，在产品研制的不同阶段结构或材料上进行了改进，或历史样本是由同类产品的试验得到的，等等。

历史样本与样本异总体的问题将会对可靠性评定产生非常大的影响，特别是在现场试验为小样本的情况下影响会更大，这一点从下面对点估计问题的分析中可以很清楚地看到。

若取式（4-1）为先验分布，则可靠度的后验期望估计为

$$\hat{R}_E = E(R \mid x) = \frac{a+x}{a+b+n} = \frac{n}{a+b+n}\frac{x}{n} + \frac{a+b}{a+b+n}\frac{a}{a+b}$$

$$= q\frac{x}{n} + (1-q)\frac{a}{a+b} \tag{4-2}$$

式中：$q = n/(a+b+n)$；x/n 为样本均值；$a/(a+b)$ 为先验均值。

由式（4-2），可靠度 R 的后验期望估计是样本均值与先验均值的加权平均，而权重由超参数 a、b 和样本量 n 决定。当 $a+b \gg n$ 时，R 的后验期望估计将主要取决于先验均值 $a/(a+b)$。也就是说，R 的估计值主要由历史样本决定，而样本影响则是较小的。类似地，考虑区间估计的问题，可得到同样结论：大容量的验前信息“淹没”了现场小子样试验信息。显然，在历史样本与样本异总体的情况下，仍然使用完全由历史样本得到的先验分布是不合理的。

4.1.1 两总体的情况

1. 混合先验

先考虑简单的情形，假定样本与历史样本分别来自两个不同的总体 X 和 Y，为了尽量减少历史样本与样本异总体对可靠性评定的影响，同时又充分利用历史样本中的信息，引入了混合先验。对于成败型总体，其混合先验为

$$\pi_\rho(R) = \rho \mathrm{Beta}(a,b) + (1-\rho) \quad (0 \leq \rho \leq 1) \tag{4-3}$$

式中：ρ 为继承因子；$1-\rho$ 为更新因子；Beta（a，b）为贝塔分布的密度函数，可表示成

$$\text{Beta}(a,b)=\frac{1}{B(a,b)}R^{a-1}(1-R)^{b-1}$$

由式（4-3）可见，混合先验是由基于历史样本所得的 Beta (a,b) 与基于贝叶斯假设的［0，1］上的均匀分布 Beta (a,b) 的加权和。继承因子反映了两个总体间的差异，或者说其可靠性方面的相似程度。两个极端的情形：如果 $\rho=1$，则认为两总体是完全相同的，此时混合先验 $\pi_\rho(R)$ 就是共轭先验 Beta (a,b)，也就是完全使用历史样本作为先验信息；如果 $\rho=0$，则认为两总体完全不同，此时混合先验 $\pi_\rho(R)$ 就是［0，1］上的均匀分布，也就是完全不用历史样本，在无先验信息的情况下，选择保守的 Beta $(1,1)$ 作为先验分布。而 $0<\rho<1$ 则是介于两者之间的情形，即两总体是相似（或相近）的，此时部分的使用历史样本中的信息。所以，使用混合先验 $\pi_\rho(R)$ 比共轭先验 Beta (a,b) 应该更加合理。

有了式（4-3）所给的混合先验，取得样本 (n,x)，就可以导出后验密度为

$$\pi_\rho(R\mid x)=\frac{M\cdot \text{Beta}(x+1,n-x+1)+N\cdot \text{Beta}(x+a,n-x+b)}{M+N} \tag{4-4}$$

式中

$$M=(1-\rho)\mathrm{B}(a,b)\mathrm{B}(x+1,n-x+1)$$
$$N=\rho\mathrm{B}(x+a,n-x+b)$$

由式（4-4）可见，后验密度 $\pi_\rho(R\mid x)$ 也是两个后验密度的加权和。

对于可靠性评定问题，给定置信水平 $1-\alpha$ 后，可靠性下限 R_L 从下式解出：

$$\int_{R_\mathrm{L}}^{1}\pi_\rho(R\mid x)=1-\alpha \tag{4-5}$$

2. 继承因子

从式（4-3）可以看到，继承因子 ρ 对产品的可靠性评定具有非常大的影响，所以如何确定 ρ 变得十分重要。ρ 是专家根据产品的改进程度给出的，这种依靠专家经验的方法较难准确地确定 ρ。事实上，从以上的分析可以看到，ρ 为产生历史样本与现场样本的两总体的相似程度的度量，所以考虑利用两总体的拟合优度检验来确定 ρ。

记历史样本 (n',y) 来自总体 Y，n' 为试验数，y 为成功数，$f'=n'-y$ 为失败数；样本 (n,x) 来自总体 X，n 为试验数，x 为成功数，$f=n-x$ 为失败数。二项总体的列联表见表4-1。

表 4-1　二项总体的列联表

总体	成功数	失败数	试验数
X	x	f	n
Y	y	f'	n'
和	$x+y$	$f+f'$	$n+n'$

原假设 H_0:X 与 Y 是相同的总体。取

$$K=\frac{(xf'-yf)^2(n+n')}{(x+y)(f+f')nn'} \tag{4-6}$$

式中: K 为皮尔逊 χ^2 统计量，它依分布收敛到自由度为 1 的 χ^2 分布。

给定检验水平 α，可得

$$\begin{cases}\{K>\chi^2_{1-\alpha}(1)\}\Rightarrow \text{拒绝 } H_0\\ \{K\leqslant\chi^2_{1-\alpha}(1)\}\Rightarrow \text{接受 } H_0\end{cases} \tag{4-7}$$

这是一个大样本检验，对有限的 $(n+n')$，只能有 K 近似服从自由度为 1 的 χ^2 分布。另外，式（4-6）中要求 x、y、f、f' 都大于 5。这一要求在样本量较小时很难满足，为此，Yates 给出了对 K 的一个修正：

$$K=\frac{[\,|xf'-yf|-(n+n')/2\,]^2(n+n')}{(x+y)(f+f')nn'} \tag{4-8}$$

式中: K 近似服从自由度为 1 的 χ^2 分布。

在上述检验问题中，一般来说，接受 H_0 并不意味着原假设为真，特别是在样本量较小时，只能说否定 H_0 的证据不充分。另外，略小于 $\chi^2_{1-\alpha}(1)$ 的 K 和远小于 $\chi^2_{1-\alpha}(1)$ 的 K 意义有所不同，后者支持原假设的理由更为强烈。令

$$Q(K)=P\{\chi_1^2>K\} \tag{4-9}$$

称为该检验的拟合优度。$Q(K)$ 越大，支持原假设的证据就越强。给定的水平 α 不过是规定一个阈值。一旦 $Q(K)<\alpha$，就否定原假设。

从 $Q(K)$ 的概念来看，它可以作为两总体的相似程度的度量。那么，ρ 和 $Q(K)$ 是具有相互联系和影响的，记这种关系为

$$\rho=f(Q) \tag{4-10}$$

对 f 的三点假定是很自然的：①f 是连续函数；②f 是单调增的；③f（0）=0，且 $f(1)=1$。

由数学分析中的 Weierstrass 定理可知，对于 f，必存在多项式列

$$\left\{f_k=\sum_{i=1}^{k}C_iQ^i \mid \sum_{i=1}^{k}C_i=1\right\}$$

使得

$$f_k \xrightarrow{k \to \infty} f \tag{4-11}$$

但为了计算上的简便，在不要求最优解时，可以考虑比较简单的形式 $\rho = Q^J(J > 0)$，J 取决于样本和历史样本的情况，可以通过在各种可能的概率下产生与样本和历史样本相同容量的随机数来模拟计算，比较计算结果并选择一个合适的值。在很多情况下，取 $J = 1/2$ 比较合适。

3. 算例

文献［8］中给了一个算例，见表4－2。

表4－2　算例

总本	成功数	失败数	试验数
X	49	1	50
Y	998	2	1000
和	1047	3	1050

置信水平 $1 - \alpha = 0.9$，文献［8］分别在以下几种情况下计算了可靠性下限 R_L：

(1) 若取 $\rho = 1$，则 $R_L = 0.9943$。

(2) 若取 $\rho = 0.8$，则 $R_L = 0.9940$。

(3) 若取 $\rho = 0.7$，则 $R_L = 0.9927$。

(4) 使用多层贝叶斯方法，假定 ρ 服从 (ρ_1, ρ_2) 上的均匀分布，并根据专家经验取 $\rho_1 = 0.3$，$\rho_2 = 0.8$，那么 $R_L = 0.9779$。

以上四个结果中前三个的差距不大，直观上看，历史样本和样本差异还是比较大的。如果没有其他可信的信息，ρ 取0.7或0.8是缺乏依据的。

用本书的方法计算。由式（4－8）计算检验统计量 $K = 0.9402$，由式（4－9）计算拟合优度 $Q = 0.3322$，那么，继承因子 $\rho = Q^{1/2} = 0.5764$。再由式（4－4）、式（4－5）得到：对 $1 - \alpha = 0.9$，可靠性下限 $R_L = 0.9786$。这与使用多层贝叶斯方法的结果相近，本书的方法是由历史样本和样本直接确定继承因子，而不需要其他的信息。

4.1.2　多总体的情况

如果，有历史样本 $(n_1, s_1), (n_2, s_2), \cdots, (n_k, s_k)$ 分别来自总体 $X_1, X_2, \cdots, X_k$，样本 (n, s) 来自总体 X_{k+1}，那么，分别对每一个 (n_i, s_i) $(i = 1, 2, \cdots, k)$ 与 (n, s) 用4.1.1节中的方法，通过拟合优度得到继承因子 ρ_i，进而得到混合先验：

$$\pi_i(R) = \rho_i \mathrm{Beta}(a_i, b_i) + (1 - \rho_i) \quad (i = 1,2,\cdots,k) \tag{4-12}$$

于是，先验分布可以取为

$$\pi(R) = \frac{1}{k}\sum_{i=1}^{k} \pi_i = \sum_{i=1}^{k} c_i \mathrm{Beta}(a_i, b_i) + (1 - c) \tag{4-13}$$

式中：$c_i = \rho_i / k$；$c = \sum_{i=1}^{k} c_i$。

由贝叶斯公式可导出后验分布为

$$\pi(R \mid s, f) = \frac{\sum_{i=1}^{k} N_i \mathrm{Beta}(a_i + s, b_i + f) + M \cdot \mathrm{Beta}(s + 1, f + 1)}{\sum_{i=1}^{k} N_i + M} \tag{4-14}$$

式中

$$f = n - s$$

$$N_i = c_i \mathrm{B}(a_i + s, b_i + f) / \mathrm{B}(a_i, b_i)$$

$$M = (1 - c)\mathrm{B}(s + 1, f + 1)$$

其中：超参数 (a_i, b_i) 由历史样本 (n_i, s_i) 得到 $(i = 1,2,\cdots,k)$。

显然：当 $k = 1$ 时，式（4-14）即为式（4-4）。

4.1.3 与基于可靠性增长的评估方法的比较

可靠性增长的概念有广义和狭义两种，GB 3187—82《可靠性基本名词术语及定义》给出的广义定义是："随着产品设计、研制、生产阶段工作的逐渐进行，产品的可靠性特征量逐步提高的过程。" GJB 451—90《可靠性维修术语》给出的狭义定义是："可靠性增长是指通过改正产品设计和制造中的缺陷，不断提高产品可靠性的过程。"

可靠性增长的内容丰富，涉及的范围非常广泛，这里仅讨论与本书研究问题相关的二项分布的顺序约束阶段可靠性增长模型。

1. 顺序约束的阶段增长模型

设产品的研制试验分为 m 个阶段，且各阶段的试验结果相互独立。记第 i 个阶段的可靠度为 R_i，试验结果为 $(n_i, s_i)(i = 1,2,\cdots,m)$，即在 n_i 次试验中，有 s_i 次成功，$f_i = n_i - s_i$ 次失败。

假定：随着试验阶段的推进，失效不断暴露并得到修正，产品可靠度不断提高，即

$$0 < R_1 < R_2 < \cdots < R_m < 1 \tag{4-15}$$

式（4－15）称为顺序约束条件。问题是要根据各阶段的试验数据及顺序约束条件给出第 m 阶段的可靠度的下限 R_{mL} 。

定理4.1 当顺序约束条件式（4－15）成立时，若 R_i 取共轭先验密度函数 $\mathrm{Beta}(R_i \mid s_{0i}, f_{0i})$ 则取得试验数据 $(s_i, f_i)(i=1,2,\cdots,m)$ 后，R_m 的后验密度为

$$f(R_m)=\frac{\sum\limits_{h_1=s'_1}^{g_1}\sum\limits_{h_2=s'_2+h_1}^{g_2}\cdots\sum\limits_{h_{m-1}=s'_{m-1}+h_{m-2}}^{g_{m-1}} w(h_1,\cdots,h_{m-1})\mathrm{Beta}(R_m \mid s'_m+h_{m-1}, g_{m-1}+f'_m-h_{m-1})}{\sum\limits_{h_1=s'_1}^{g_1}\sum\limits_{h_2=s'_2+h_1}^{g_2}\cdots\sum\limits_{h_{m-1}=s'_{m-1}+h_{m-2}}^{g_{m-1}} w(h_1,\cdots,h_{m-1})} \tag{4-16}$$

式中

$$g_i = s_{(i)} + f_{(i)} - i \quad (i=1,2,\cdots,m)$$

$$s_{(i)} = \sum_{k=1}^{i} s'_k \quad , s'_k = s_{0k} + s_k \quad (i=1,2,\cdots,m; s_{0k}\text{ 为非负整数})$$

$$f_{(i)} = \sum_{k=1}^{i} f'_k \quad , f'_k = f_{0k} + f_k \quad (i=1,2,\cdots,m; f_{0k}\text{ 为非负整数})$$

$$w(h_1,\cdots,h_{m-1}) = \prod_{i=1}^{m-1}\binom{g_i}{h_i}\mathrm{B}(s'_{i+1}+h_i, g_i+f'_{i+1}-h_i)$$

R_m 的置信水平为 $1-\alpha$ 的贝叶斯置信下限 R_{mL} 由下式确定：

$$\frac{\sum\limits_{h_1=s'_1}^{g_1}\sum\limits_{h_2=s'_2+h_1}^{g_2}\cdots\sum\limits_{h_{m-1}=s'_{m-1}+h_{m-2}}^{g_{m-1}} w(h_1,\cdots,h_{m-1})I_{R_{mL}}(s'_m+h_{m-1}, g_{m-1}+f'_m-h_{m-1})}{\sum\limits_{h_1=s'_1}^{g_1}\sum\limits_{h_2=s'_2+h_1}^{g_2}\cdots\sum\limits_{h_{m-1}=s'_{m-1}+h_{m-2}}^{g_{m-1}} w(h_1,\cdots,h_{m-1})} = \alpha \tag{4-17}$$

式中：$\mathrm{I}_R(x,y) = \int_0^R \mathrm{Beta}(\theta \mid x,y)\mathrm{d}\theta$ 为不完全贝塔函数。

从式（4－17）计算 R_{mL} 相当繁琐，因此，工程上常用 R_{mL} 的第一近似限 $\tilde{R}_{mL}$ 或第二近似限 $\bar{R}_{mL}$ ：

$$\begin{cases} s = \mu(\mu-\nu)/(\nu-\mu^2) \\ f = (1-\mu)(\mu-\nu)/(\nu-\mu^2) \\ \mathrm{I}_{\tilde{R}_{mL}}(s,f) = \alpha \end{cases} \tag{4-17a}$$

$$\begin{cases} c = -\ln\mu/\ln(\mu/\nu) \\ \eta = \dfrac{3-c}{2(c-1)-0.335(c-1)^3} \\ z = -\ln\mu/[\ln(\eta+1)-\ln\eta] \\ \Gamma_{-\eta\ln\bar{R}_{mL}}(z) = 1-\alpha \end{cases} \tag{4-17b}$$

式中：$I_x(s,f)$ 为不完全贝塔函数；$\Gamma_x(z)$ 是不完全伽马函数；μ、ν 分别为 R_m 的一、二阶矩，即

$$\mu = A^{-1}\sum_{h_1=s'_1}^{g_1}\sum_{h_2=s'_2+h_1}^{g_2}\cdots\sum_{h_{m-1}=s'_{m-1}+h_{m-2}}^{g_{m-1}} w(h_1,\cdots,h_{m-1})\frac{s'_m+h_{m-1}}{g_m+1}$$

$$\nu = A^{-1}\sum_{h_1=s'_1}^{g_1}\sum_{h_2=s'_2+h_1}^{g_2}\cdots\sum_{h_{m-1}=s'_{m-1}+h_{m-2}}^{g_{m-1}} w(h_1,\cdots,h_{m-1})\frac{(s'_m+h_{m-1})(s'_m+h_{m-1}+1)}{(g_m+1)(g_m+2)}$$

其中

$$A = \sum_{h_1=s'_1}^{g_1}\sum_{h_2=s'_2+h_1}^{g_2}\cdots\sum_{h_{m-1}=s'_{m-1}+h_{m-2}}^{g_{m-1}} w(h_1,\cdots,h_{m-1})$$

2. 对比分析

使用混合先验分布的评定方法与基于可靠性增长模型的评定方法都是利用了多源信息进行可靠性评定，并且都使用了贝叶斯方法，在形式上两种评定方法具有诸多相似之处。以下对两种方法进行比较，为了方便：基于可靠性增长模型的评定方法（包括定理 4.1 的贝叶斯精确限及第一、二近似限）称为“增长法”；本书给出的使用混合先验分布的评定方法称为“混合先验法”。

由式（4－16）可得

$$f(R_m) = \sum_j (a_j \cdot \mathrm{Beta}(R_m \mid x_j, y_j)) \quad \left(\sum_j a_j = 1\right) \qquad (4-18)$$

对比式（4－18）和式（4－14），增长法和混合先验法的后验分布具有类似的形式，即它们均可表示为若干个贝塔分布的加权和。但从本质上看，增长法是将前 $m-1$ 阶段的试验数据按某种规则（这取决于 R_i 的先验密度 $\mathrm{Beta}(R_i \mid s_{0i}, f_{0i})$ 中超参数 (s_{0i}, f_{0i}) 的选取（$i=1,2,\cdots,m$））累积、折合到第 m 个阶段；而混合先验法由来自 $m-1$ 个总体的试验数据得到混合先验分布，二者是不同的。

使用增长法的前提是式（4－15）成立，这需要检验：

$$\begin{cases} H_0: R_i = R_{i+1} \\ H_1: R_i < R_{i+1} \end{cases} \qquad (i = 1,2,\cdots,m-1)$$

这个检验通常使用 Fisher 检验法：

$$P_i = \sum_{x=0}^{f_{i+1}} \frac{\dbinom{f_i+f_{i+1}}{x}\dbinom{s_i+s_{i+1}}{n_{i+1}-x}}{\dbinom{n_i+n_{i+1}}{n_{i+1}}}$$

当 $P_i \leqslant \alpha'$，拒绝 H_0 时，接受 H_1，认为各试验阶段具有可靠性增长趋势。

使用混合先验法的前提是通过下述检验：

$$\begin{cases} H_0: R_i = R_m \\ H_1: R_i \neq R_m \end{cases} \quad (i = 1,2,\cdots,m-1)$$

本书中这个检验使用的是式（4-8）给出的渐近$\chi^2(1)$分布的检验统计量K，当$K < \chi^2_{1-\alpha}(1)$时，接受H_0，否则拒绝H_0。$\chi^2_{1-\alpha}(1)$是自由度为1的χ^2分布的$1-\alpha$分位点。只有当接受H_0时，即不能拒绝$R_i = R_m$（$i = 1,2,\cdots,m-1$），也就是说各总体间的差异不显著（这并不意味着是同一总体）时，才可以使用混合先验法进行可靠性评定。

显然，在理论上对于给定的$\alpha = 2\alpha'$（由于Fisher检验是单边的，而χ^2检验是双边的）和相同的样本，在上述两个检验中只能同时接受原假设或同时拒绝原假设。也就是说，增长法和混合先验法不可能同时适用。但实际应用时可能出现一些特殊的情况。考虑算例：某新型火工品，其初样试验结果$(s_1,f_1) = (214,16)$，经过设计修正后，试样投产35发，试验结果$(s_2,f_2) = (35,0)$，现需要对第二阶段的可靠性进行评估（估计的置信水平$1-\alpha = 0.8$，检验水平$\alpha = 2\alpha' = 0.2$）。

在Fisher检验中，$P = 0.09649 < \alpha' = 0.1$，所以拒绝$H_0: R_1 = R_2$，接受$H_1: R_1 < R_2$。

在χ^2检验中，$K = 1.510090 < \chi^1_{1-\alpha}(1) = 1.64237$，所以接受$H_0: R_1 = R_2$。

按增长法：各阶段都取均匀分布Beta(1,1)作为先验分布，可靠度下限的第一、二近似限相同，为$\tilde{R}_L = \bar{R}_L = 0.965967$。

按混合先验法：$Q(K) = 0.2191$，$\rho = 0.4681$，可靠度下限$R_L = 0.93$。

上例中出现了在Fisher检验中拒绝$H_0: R_1 = R_2$，而在χ^2检验中接受H_0的情况。这是由于检验方法的差异，特别是检验统计量K只是渐近$\chi^2(1)$分布造成的。事实上，P和K的值都接近临界值也说明了这一点。由于Fisher检验是精确检验，所以在这种情况下应该采用Fisher检验的结果，即拒绝$H_0: R_1 = R_2$，接受$H_1: R_1 < R_2$。

在混合先验法中可以使用的先验信息来源比较广泛。增长法中的先验信息仅限于各试验阶段的数据，并且需要满足可靠性增长的假定。在应用中注意，可靠性增长的假定不仅是通过对各阶段试验数据的检验就可以确定的，而且需要在产品研制开发的全过程中严格按照可靠性工程和管理的要求进行工作。这涉及试验规划、数据分析与反馈、故障分析、可靠性增长的分析与评定等多方面问题。如果不能按上述要求开展工作，单纯用统计方法对各阶段试验数据进行检验就认定产品的可靠性增长了，进而使用增长法评定产品的可靠性，评定结果冒进的风险会增加。

4.2 收缩估计的研究及应用

本节首先研究一种小样本下的点估计方法——收缩估计，然后将其应用于信息融合。

小样本量下的点估计问题是在工程中经常遇到的，由于样本提供的总体信息较少，使得一些在大样本条件下具有优良性质的估计量在小样本时会有较大的偏差。为提高估计值的准确程度，常用的方法是利用先验信息。如果由先验信息可以得到被估计参数的先验分布，那么贝叶斯方法可以得到较好的结果。但在许多实际应用的场合，根据先验信息往往只能得到被估计参数 θ 的一个先验估计值 θ_0，这个先验估计值的来源可以是多种多样的，如试验数据、预估计、工程技术人员的经验或者多方面信息的综合。它提供了参数真值的部分信息，如何利用这部分信息，贝叶斯方法就不再适用，而“收缩技术”则能取得较好的效果。

“收缩技术”运用经典统计方法来处理先验信息。美国等国家在二十世纪六七十年代对与此有关的初步检验估计的研究取得了一些成果，并开始转入更为复杂，也更为有效且适用范围更广的参数收缩估计的研究。

4.2.1 收缩估计

1. 收缩估计的表述

设 θ 为被估计的参数，θ_0 为 θ 的先验信息。$X_1,X_2,\cdots,X_n$ 为容量为 n 的样本。$\hat{\theta}(X_1,X_2,\cdots,X_n)$ 为 θ 的估计量。而 $H_0:\theta=\theta_0$ 为在显著性水平 α 下对先验信息 θ_0 的检验，称为初步检验。

（1）初检验估计：

$$P_{\mathrm{T}}=\begin{cases}\theta_0 & (H_0\text{ 被接受})\\ \hat{\theta} & (\text{其他})\end{cases}\tag{4-19}$$

初检验估计在收缩技术中是较早被使用的。其意义是：在 α 下，若 H_0 被接受，则认为 θ_0 比 $\hat{\theta}$ 更接近 θ 的真值，此时使用 θ_0 作为 θ 的估计；否则，仍然用 $\hat{\theta}$。

（2）收缩估计：

$$P=\begin{cases}k\hat{\theta}+(1-k)\theta_0 & (H_0\text{ 被接受})\\ \hat{\theta} & (\text{其他})\end{cases}\tag{4-20}$$

收缩估计可以看作初检验估计的改进，当 H_0 被接受时，认为 θ_0 提供了 θ 的较多信息，此时把 $\hat{\theta}$ 向 θ_0 进行适当的靠拢（收缩）。

（3）两阶段收缩估计：把两阶段估计和收缩估计相结合的结果。

设 $X_1, X_2, \cdots X_{n_1}$ 为第一阶段抽样的样本，样本容量 $n_1 > 0$；$X_{n_1+1}, X_{n_1+2}, \cdots, X_{n_1+n_2}$ 为第二阶段抽样的样本，样本容量 $n_2 > 0$。$T_1 = T_1(X_1, X_2, \cdots, X_{n_1})$ 和 $T_2 = T_2(X_{n_1+1}, X_{n_1+2}, \cdots, X_{n_1+n_2})$ 分别为两个阶段的估计量。原假设 H_0，备择假设 H_1，显著性水平 α，检验统计量 $\varphi(X_1, X_2, \cdots, X_{n_1})$。$A$ 为这个检验的接受域，$I = I_A$ 为定义在 A 上的指示函数。则被估计参数 θ 的两阶段收缩估计为

$$T = [kT_1 + (1-k)\theta_0]I + \bar{T}(1-I) \tag{4-21}$$

式中

$$\bar{T} = wT_1 + (1-w)T_2$$

其中

$$w = n_1/(n_1 + n_2)$$

由上述内容可知：式（4－21）在 $n_2 = 0$ 时即为式（4－20），而式（4－20）在 $k = 0$ 时即为式（4－19）。式（4－20）是研究和应用最为广泛的，下述内容主要是对于式（4－20）的。

2. 确定 α 和 k 的准则

1）收缩估计的功效

基于估计量 $\hat{\theta}$ 的收缩估计 P 相对于 $\hat{\theta}$ 的功效为

$$\mathrm{REF}(P) = \mathrm{MSE}(\hat{\theta})/\mathrm{MSE}(P) \tag{4-22}$$

式中：MSE 为均方误差。

当 REF > 1 时，收缩估计 P 在 MSE 准则下是优于原估计 $\hat{\theta}$ 的。

2）确定 α 的准则

H. Akaike 运用统计判决理论从信息论角度推导出极大似然原理推广的信息论准则，即赤池信息量准则（AIC）。

设随机变量 X 的密度函数为 $f(x,\theta)$，$\theta = (\theta_1, \theta_2, \cdots, \theta_r) \in \Theta$，$X_1, X_2, \cdots, X_n$ 为来自 $f(x,\theta)$ 的样本，$\hat{\theta}(X_1, X_2, \cdots X_n)$ 为 θ 的估计量，令 $\mathrm{AIC} = -\log L(\hat{\theta}) + 2r$，（$L(\hat{\theta})$ 为似然函数）。使 AIC 达到最小的估计，称为 AIC 下的最优估计。由此可以确定初检验水平 α，详细的论述见相关文献。

3）最优收缩系数

收缩系数大小与先验信息的可信程度有关，即 k 应为 $|\rho| = \left|\dfrac{\theta_0}{\theta} - 1\right|$ 的单增函数。在较早的一些文献中，在 MSE（P）最小的准则下推导出了最优收缩系数 k。由于 θ 是未知的，故用 $\hat{\theta}$ 代替 θ 得到最优 k 的近似。

P 的遗憾函数为

$$\mathrm{Reg} = \mathrm{Ris}(P) - \inf_{0 \leqslant k \leqslant 1}\{\mathrm{Ris}(P)\} \tag{4-23}$$

式中：$\mathrm{Ris}(P) = \mathrm{MSE}(P)/\theta^2$ 为风险函数。

给定初检验水平 α，对 $\forall k \in [0,1]$，都对应一个最大遗憾 Sup ｛Reg

$(P)\}$，将最优收缩系数定义为使最大遗憾达到最小的 k 取值，这种方法称为 Minimax 遗憾准则。

这种方法虽然在理论上存在最优解，但由于 θ 是未知的，实际上只能用 $\hat{\theta}$ 代替 θ 得到最优 k 近似，且计算十分繁琐。另有一种简单直观的方法，虽然不能证明是最优解，但近似程度已经很好。其算法如下：

记 $\varphi(X_1,X_2,\cdots,X_n)$ 为检验统计量，$[d_1,d_2]$ 为 φ 的接受域。收缩系数为

$$k = 1 - \left[\frac{\varphi - (d_1 + d_2)/2}{(d_2 - d_1)/2}\right]^2 \quad (d_1 < \varphi < d_2) \tag{4-24}$$

这一方法的几何意义是明显的，以下计算收缩系数时都采用式（4-24）。

4.2.2 二项分布的收缩估计

从相关文献看出，有关定数截尾场合的指数分布、两参数的指数分布以及威布尔分布的收缩估计的研究都取得了较满意的结果，这里研究二项分布的收缩估计。

设 $\xi \sim B(1,R)$，R 为成功率（可靠度），$X_1,X_2,\cdots,X_n$ 为样本，X_i 为 0 或 $1(i = 1,2,\cdots,n)$。

对统计假设：$H_0:R = R_0$；$H_1:R \neq R_0$。取检验统计量

$$\varphi = \sum_{i=1}^{n} X_i \sim B(n,R) \tag{4-25}$$

在显著性水平 α 下，接受域可由下式确定：

$$P\{i_1 < \varphi < i_2\} = \sum_{i_1 < i < i_2} C_n^i R_0^i (1 - R_0)^{n=i} = 1 - \alpha \tag{4-26}$$

式中：i_1、i_2 从下式解出，即

$$\begin{cases} \sum\limits_{i=0}^{i_1} C_n^i R_0^i (1 - R_0)^{n-i} = \dfrac{\alpha}{2} \\ \sum\limits_{i=i_2}^{n} C_n^i R_0^i (1 - R_0)^{n-i} = \dfrac{\alpha}{2} \end{cases} \tag{4-27}$$

由于 Φ 为离散型分布，故可能不存在使得上式成立的 i_1、i_2，只能找到 i_1、i_2 使

$$\begin{cases} P(\varphi \leqslant i_1) = \sum\limits_{i=0}^{i_1} C_n^i R_0^i (1 - R_0)^{n-i} = \delta_{11} > \dfrac{\alpha}{2} > \sum\limits_{i=0}^{i_1-1} C_n^i R_0^i (1 - R_0)^{n-i} = \delta_{12} \\ P(\varphi \geqslant i_2) = \sum\limits_{i=i_2}^{n} C_n^i R_0^i (1 - R_0)^{n-i} = \delta_{21} > \dfrac{\alpha}{2} > \sum\limits_{i=i_2+1}^{n} C_n^i R_0^i (1 - R_0)^{n-i} = \delta_{22} \end{cases} \tag{4-28}$$

若 i_1、i_2 是由式（4－28）得到的，当 n 较小时，对应用式（4－24）求收缩系数 k 会产生较大的影响，甚至接受域 $[i_1,i_2]$ 可能成为一个点。因此做如下变化：

$$\begin{cases} d_1 = i_1 - \dfrac{\delta_{11} - \dfrac{\alpha}{2}}{\delta_{11} - \delta_{12}} & (i_1 > 0) \\ d_2 = i_2 + \dfrac{\delta_{21} - \dfrac{\alpha}{2}}{\delta_{21} - \delta_{22}} & (i_2 < n) \end{cases} \tag{4-29}$$

显然，$[i_1,i_2] \subseteq [d_1,d_2]$，但由于 φ 是离散型分布，接受域 $[i_1,i_2]$ 与 $[d_1,d_2]$ 实际作用是相同的。取 $[d_1,d_2]$ 作为接受域只是为了应用式（4－24）求收缩系数，将 d_1、d_2 代入式（4－24）就可以得到收缩系数。

对于小样本下的点估计问题，如果有一个较好的先验信息 R_0，那么使用收缩估计更为有效。下面考虑收缩估计在可靠性评定中的一个应用。

4.2.3 应用——多层数据的融合

在可靠性评定中，一般情况下如果有了单元的试验数据，并且知道系统的可靠性结构，由可靠性综合对给定的置信水平 $1-\alpha$ 就可以得到系统可靠性的置信下限 R_L，即

$$P\{R \geqslant R_L\} = 1 - \alpha \tag{4-30}$$

式中：R_L 只与单元的试验数据、系统结构和置信水平 $1-\alpha$ 有关，也就是说这里只用到了单元的试验数据，而不需要系统级的试验数据。

对某些大型复杂系统，由于单元测试数据丰富且无法进行系统级试验，如卫星、运载火箭等，上述可靠性综合的方法是目前使用最多的。有关的研究结果也比较丰富，而对于某些系统，如制导弹药，一方面有单元试验数据，另一方面有系统级的试验数据，但由于试验费用等限制，使得系统级的试验数据较少。对这种既有单元试验数据又有系统级试验数据的情况，如何将两类数据综合使用来正确评估系统的可靠性是需要解决的问题。这里就系统为成败型的情形讨论两种方法，对于其他的情形基本是类似的。这两种方法从本质上看，都是利用系统的试验数据对 R_L 进行修正。

1. Fiducial 方法

在式（4－30）中将置信下限 R_L 看作置信水平 $1-\alpha$ 的函数，通过改变 α 的值（取 0～1 的所有值），就可以得到 R 的置信分布函数 $G(x)$。若认为它是 R 的先验分布，由 $G(x)$ 和系统数据 (n,s)（n 为样本量，s 为成功数），利用贝叶斯公式可以推导出 R 的后验区间。对给定的置信水平 $1-\alpha$，求解满足

下式的基于多层数据的可靠度下限 R_{SL}，即

$$\int_{R_{SL}}^{1} x^{s-1}(1-x)^{n-s}\mathrm{d}G(x) = (1-\alpha)\int_{0}^{1} x^{s-1}(1-x)^{n-s}\mathrm{d}G(x) \tag{4-31}$$

2. 虚拟系统法

虚拟系统法是一种折合的方法，目的是拟合出一组系统的成败型数据 (n^*,s^*)。对给定的置信水平 $1-\alpha$，由虚拟的系统数据 (n^*,s^*) 所得的置信下限恰好是式（4-30）中的 R_L。但满足以上要求的 (n^*,s^*) 有无穷多组，因此，这里还要求由 (n^*,s^*) 所得到的系统可靠性的点估计与由单元数据所得到的系统可靠性的点估计相等。(n^*,s^*) 为下面方程的解：

$$\begin{cases} \dfrac{s^*}{n^*} = \hat{R}(R_1,R_2,\cdots,R_m) \\ \displaystyle\int_{R_L}^{1} x^{s^*-1}(1-x)^{n^*-s^*}\mathrm{d}x = (1-\alpha)\int_{0}^{1} x^{s^*-1}(1-x)^{n^*-s^*}\mathrm{d}x \end{cases} \tag{4-32}$$

式（4-32）与式（2-31）类似，第二个等式是使用了二项分布的 Fiducial 非随机化最优置信下限，即 $I_{R_L}(s,f+1)=\alpha$。其中，$I(x,y)$ 为不完全贝塔函数。

结合系统试验数据 (n,s)，可以得到一组修正后的数据 $(n+n^*,s+s^*)$，利用它由下式即可求得 R_{SL}：

$$\int_{R_{SL}}^{1} x^{s+s^*-1}(1-x)^{n+n^*-s-s^*}\mathrm{d}x = (1-\alpha)\int_{0}^{1} x^{s+s^*-1}(1-x)^{n+n^*-s-s^*}\mathrm{d}x \tag{4-33}$$

式（4-33）给出的仍然是二项分布可靠度的 Fiducial 非随机化最优置信下限。

在实际应用中，很难比较出上述两种方法的优劣。但是，在计算上 Fiducial 方法远比虚拟系统法复杂。

3. 改进的虚拟系统法

在虚拟系统法中，利用系统试验数据 (n,s) 与虚拟系统数据 (n^*,s^*) 相加得到 $(n+n^*,s+s^*)$ 进行系统的可靠性评定。对制导弹药来说，(n^*,s^*) 来自于单元的试验数据，单元试验主要包括静态检测和地面模拟，而 (n,s) 是全弹的飞行试验数据，可以把二者看作来自不同的环境试验（两个样本是异总体的），直接相加有一些欠妥。下面考虑通过收缩估计将二者融合。

式（4-32）中用到了系统可靠性的点估计 $\hat{R}(R_1,R_2,\cdots,R_m)$，将其视为先验信息 R_0，而系统试验数据 (n,s) 是容量为 n 的样本。应用收缩估计，由式（4-29）和式（4-24）得到收缩系数 k，代入式（4-20）求得系统可靠性的收缩估计 P，用 P 取代式（4-32）中的 $\hat{R}(R_1,R_2,\cdots,R_m)$，即

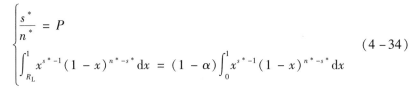

$$\begin{cases} \dfrac{s^*}{n^*} = P \\ \displaystyle\int_{R_L}^{1} x^{s^*-1}(1-x)^{n^*-s^*}\mathrm{d}x = (1-\alpha)\int_{0}^{1} x^{s^*-1}(1-x)^{n^*-s^*}\mathrm{d}x \end{cases} \tag{4-34}$$

从式（4-34）解出系统的虚拟数据（n^*, s^*），再由式（4-33）可求得 R_{SL}。

4.3 环境因子的研究与应用

引信的模拟试验中存在大量的环境试验，如高低温试验等，目的是考核引信对环境的适应性，即当环境条件发生较大变化时，引信是否能保持原有功能。为了进行可靠性评估，需要把不同环境条件下的试验数据折合为一种环境条件下的试验数据。解决这类问题的有效方法是使用环境因子。但目前环境因子的研究和应用都是对于寿命总体的，而对非寿命连续型的性能指标，如引信作用可靠性所涉及的输出压力、作用时间等，其环境因子与寿命分布的情形有很大不同。对性能指标的环境因子至今没有一个统一的、意义明确的定义，这在应用中容易引起混淆。

4.3.1 性能指标环境因子的定义

环境因子的研究是从寿命总体开始的，且与加速寿命试验有着密切的联系，有关的研究工作一直在进行。

寿命分布的环境因子建立在以下两个假定基础上：

假定 A：在不同环境下产品的寿命分布属于同一分布族，其差别仅是分布参数不同。

假定 B：在不同环境下产品的失效机理不变。

设 $F_1(t)$、$F_2(t)$ 分别为产品在环境Ⅰ和环境Ⅱ下的寿命分布。记 T_1 是环境Ⅰ下产品的寿命，T_2 是 T_1 相当于在环境Ⅱ下的寿命。折合原则为

$$F_1(t_1) = F_2(t_2) \tag{4-35}$$

假定 A 的意义是要求两个总体的统计规律具有基本的一致性，这是数据折合的基础。假定 B 是要求在两种不同应力下导致产品失效的因素是相同的，保证了不同环境下的试验数据之间折合是有意义的。对于位置尺度族，失效机理不变表现为尺度参数与位置参数之比不变，如正态分布、逻辑斯蒂（Logistic）分布等；对于对数位置尺度族，失效机理不变表现为尺度参数不变，如对数正态分布、威布尔分布等。而折合原则（式（4-35））的依据是加速寿

命试验中的 Nelson 假设（积累损伤模型）：产品的残余寿命仅依赖于已累积失效的部分和当时的应力水平，而与累积方式无关。在假定 A 和假定 B 下，利用这一原则可以导出各寿命分布的折合因子，即环境因子。

上述定义是针对寿命总体的，寿命是指产品从开始工作到失效所经过的时间，可见寿命与失效是紧密联系的。如果产品开始工作记为零时刻，则失效的时刻即寿命。对于非寿命连续型的性能指标 X，产品失效与 X 并没有直接的联系。一般情况下是根据产品的使用要求，对 X 的取值限定一个范围：$X \leqslant U$，或 $L \leqslant X$，或 $L \leqslant X \leqslant U$，其中，$U$、$L$ 分别为 X 的上、下公差限。若 X 的值超出了给定的公差限，则视为产品失效。相应的可靠度（或称可靠概率）为

$$\begin{cases} R = P\{X \leqslant U\} \\ R = P\{L \leqslant X\} \\ R = P\{L \leqslant X \leqslant U\} \end{cases} \tag{4-36}$$

对于非寿命连续型的性能指标，通常情况下研究和关注的是该指标的取值落在某个区域内的概率。如果仿照寿命分布的情况定义其环境因子，那么假定 B 是否成立，已不能再用两个总体参数间的关系来判断。也就是说，失效机理是否改变的判断，应来自于环境条件的变化对产品物理、化学反应影响的分析。而式（4－35）的意义也有所不同。

记 X_1 是环境Ⅰ下产品的某性能指标，X_2 是与 X_1 相应的、环境Ⅱ下的性能指标。假定 X_1 与 X_2 属于同一连续分布族，其差别仅是分布参数不同。设 $F_1(x)$、$F_2(x)$ 分别为 X_1、X_2 的分布函数。两种环境下的试验数据按下述原则折合：

$$F_1(x_1) = F_2(x_2) \tag{4-37}$$

式（4－37）的意义是：性能指标的值落在任意一个可能的取值范围 (a, b) 内的概率仅与试验环境中各种应力的水平有关。

对于正态分布的情况，若 $X_1 \sim N(\mu_1, \sigma_1^2)$，$X_2 \sim N(\mu_2, \sigma_2^2)$，由式（4－35）可得

$$\Phi\left(\frac{x_1 - \mu_1}{\sigma_1}\right) = \Phi\left(\frac{x_2 - \mu_2}{\sigma_2}\right)$$

式中：$\Phi(\cdot)$ 为标准正态分布的分布函数。

于是有

$$x_1 = \frac{\sigma_1}{\sigma_2}x_2 + \left(\mu_1 - \frac{\sigma_1}{\sigma_2}\mu_2\right) \tag{4-38}$$

令 $k = \dfrac{\sigma_1}{\sigma_2}$ 为伸缩因子，$b = \mu_1 - \dfrac{\sigma_1}{\sigma_2}\mu_2$ 为平移因子。此时，环境因子是二维常向量 (k, b)。

在如下两种情况下，上述环境因子的形式会比较简单：

(1) 当 $\sigma_1^2 = \sigma_2^2$ 时，有 $b = \mu_1 - \mu_2$，则 $k = 1$。于是，$x_1 - x_2 = \mu_1 - \mu_2$。

(2) 当 $\dfrac{\mu_1}{\sigma_1} = \dfrac{\mu_2}{\sigma_2}$ 时，有 $b = 0$，则 $k = \dfrac{\sigma_1}{\sigma_2}$。于是，$x_1 = \dfrac{\sigma_1}{\sigma_2}x_2$。

逻辑斯蒂分布和对数正态分布的环境因子可以用完全类似的方法得到。

式（4－38）与黄美英等给出的结果相同，但其给出的结果中直接假定 X_1 与 X_2 存在线性关系。这一方法不能推广到密度函数非对称的情况。本书的结果是由更为一般性的性能指标环境因子的定义得到的，该方法使用范围更广，例如，对密度函数非对称的两参数威布尔分布。

对于两参数威布尔分布的情况，若 $X_1 \sim W(\alpha_1,\beta_1)$，$X_2 \sim W(\alpha_2,\beta_2)$，由式（4－37）可得

$$\exp\left[-\left(\frac{x_1}{\alpha_1}\right)^{\beta_1}\right] = \exp\left[-\left(\frac{x_2}{\alpha_2}\right)^{\beta_2}\right]$$

进一步整理，可得

$$\ln x_1 = \frac{\beta_2}{\beta_1}\ln x_2 + \ln\alpha_1 - \frac{\beta_2}{\beta_1}\ln\alpha_2 \qquad (4-39)$$

令 $k = \dfrac{\beta_2}{\beta_1}$ 为对数伸缩因子，$b = \ln\alpha_1 - \dfrac{\beta_2}{\beta_1}\ln\alpha_2$ 为对数平移因子。此时，环境因子是二维常向量 (k,b)。

下面仅考虑正态分布环境因子的统计推断。一方面，是引信的工程经验，其环境试验中的各性能指标均服从正态分布或者试验为成败型（关于成败型试验的环境因子的研究结果已很完善）；另一方面，在工程实际中正态分布被广泛地用于描述性能指标变化规律，且对于由式（4－36）所定义的可靠度除正态分布外在其他的情形下可靠度置信下限的高精度算法还有待进一步研究。

4.3.2 正态分布环境因子的统计推断

环境因子的统计推断主要涉及环境因子的点估计和区间估计。

设：$X_1^{(1)},X_2^{(1)},\cdots,X_{n_1}^{(1)}$ 是来自总体 $X_1 \sim N(\mu_1,\sigma_1^2)$ 的样本；$X_1^{(2)},X_2^{(2)},\cdots,X_{n_2}^{(2)}$ 是来自总体 $X_2 \sim N(\mu_2,\sigma_2^2)$ 的样本。若两总体中各参数的估计量分别取为样本均值和方差，则由式（4－38），环境因子 (k,b) 的估计量可取为

$$\hat{k} = \frac{\hat{\sigma}_1}{\hat{\sigma}_2} = \sqrt{\frac{S_1^2}{S_2^2}} = \frac{S_1}{S_2},\ \hat{b} = \bar{X}_1 - \frac{S_1}{S_2}\bar{X}_2 \qquad (4-40)$$

式中：$\bar{X}_1$、$\bar{X}_2$、S_1、S_2 分别为 μ_1、μ_2、σ_1、σ_2 的极大似然估计（MLE）。

由于两总体都服从正态分布，所以有

$$\frac{(n_1-1)S_1^2/\sigma_1^2}{(n_2-1)S_2^2/\sigma_2^2}\sim F(n_1-1,n_2-1)$$

于是可得 k 的 $1-\alpha$ 置信区间为

$$\left[\sqrt{\frac{(n_1-1)S_1^2}{(n_2-1)S_2^2F_{1-\alpha/2}(n_1-1,n_2-1)}},\sqrt{\frac{(n_1-1)S_1^2}{(n_2-1)S_2^2F_{\alpha/2}(n_1-1,n_2-1)}}\right] \tag{4-41}$$

式中：$F_{1-\alpha}(n_1-1,n_2-1)$ 为自由度为 n_1-1 和 n_2-1 的 F 分布的 $1-\alpha$ 分位点。

对于 $\hat{b}$，其分布难以确定，所以 $1-\alpha$ 置信区间的准确形式也就无法获得，黄美英等给出了一个近似结果：

$$\left[\hat{b}-U_{(1-\alpha/2)}\sqrt{D(\hat{b})},\hat{b}+U_{(1-\alpha/2)}\sqrt{D(\hat{b})}\right] \tag{4-42}$$

式中：$U_{1-\alpha/2}$ 为标准正态分布的 $1-\dfrac{\alpha}{2}$ 分位点；$D(\hat{b})$ 可近似地按下式计算，即

$$D(\hat{b})=\left(\frac{1}{n_1}+\frac{1}{n_2}\right)s_1^2\left(1+\frac{\overline{x_2^2}}{2s_2^2}\right) \tag{4-43}$$

在如下两种情况下，环境因子的置信区间的形式会比较简单：

（1）当 $\sigma_1^2=\sigma_2^2$ 时，$k=1$，此时，$b=\mu_1-\mu_2$ 的 $1-\alpha$ 置信区间为

$$\left[(\bar{X}_1-\bar{X}_2)-t_{1-\alpha/2}(n_1+n_2-2)S_W\sqrt{\frac{1}{n_1}+\frac{1}{n_2}},\right.$$
$$\left.(\bar{X}_1-\bar{X}_2)+t_{1-\alpha/2}(n_1+n_2-2)S_W\sqrt{\frac{1}{n_1}+\frac{1}{n_2}}\right]$$

式中：$t_{1-\alpha/2}(n_1+n_2-2)$ 为 t 分布的分位点；$S_W^2=\dfrac{(n_1-1)S_1^2-(n_2-1)S_2^2}{n_1+n_2-2}$。

（2）当 $\dfrac{\mu_1}{\sigma_1}=\dfrac{\mu_2}{\sigma_2}$ 时，$b=0$，$k=\dfrac{\sigma_1}{\sigma_2}$ 的 $1-\alpha$ 置信区间为式（4-41）。

关于 $\sigma_1^2=\sigma_2^2$ 以及 $\dfrac{\mu_1}{\sigma_1}=\dfrac{\mu_2}{\sigma_2}$ 的检验方法见相关文献。

通常情况下，使用环境因子的原因是由于一种环境下的试验数据较少，需要把另一种环境下的试验数据折合过来扩充数据量，以便进一步的统计分析。一般来说，在折合过程中需要对“冒进”的可能性给出一定限制。因此，出于保守的考虑，往往要使用环境因子的置信限。但是，对于多维的环境因子则难以使用置信限。例如，对上述正态分布的情况，环境因子 (k,b) 的置信域是二维平面上的椭圆，而由式（4-41）和式（4-42）所确定的区域是包含了该置信椭圆的矩形域。若同时使用式（4-41）和式（4-42）中的置信下限或上限，会使折合的结果过于保守，甚至出现明显的不合理结果。在下述实例

中可以反映出这种情况。所以，对于多维的环境因子，除特殊情况目前也只能使用其点估计。因此，对类似于上述的关于 $\sigma_1^2 = \sigma_2^2$ 以及 $\frac{\mu_1}{\sigma_1} = \frac{\mu_2}{\sigma_2}$ 的检验，应当较一般的检验问题更严格地控制第二类错误的概率，通常可取检验的显著性水平 $\alpha = 0.2$。

例 4.1 某制导武器所用引信的远解组件分别在常温和高温下的试验数据见表 4－3。

表 4－3 试验数据

环境	测试值/s	均值/s	标准差/s
常温	0.556，0.512，0.504，0.496，0.440，0.492	0.5	0.037352
高温	0.392，0.376，0.400，0.410，0.396，0.370	0.390667	0.015056

根据产品的使用要求，公差下限 $t_L = 0.3$s，公差上限 $t_U = 0.65$s。可靠性指标：置信水平 0.9 下，可靠度大于 0.99。以下是应用双边可靠度置信下限进行计算，这里不再详细列出该算法的步骤及计算公式。

（1）只使用常温下的试验数据。

在置信水平 0.9 下，$R_L = 0.983914$。双边可靠度下限的值受样本均值、方差及样本量的影响。从表 4－3 中数据可见，常温下试验数据的均值和方差的值都已很“好”，导致可靠度下限的估计值偏低的原因应是样本量太小。

（2）将高温试验数据折合为常温试验数据的环境因子。

首先，分别检验 $\sigma_1^2 = \sigma_2^2$ 和 $\frac{\mu_1}{\sigma_1} = \frac{\mu_2}{\sigma_2}$，均拒绝原假设（显著性水平 $\alpha = 0.2$）。如果套用寿命分布的环境因子，此时应当认为失效机理发生了改变，不能进行数据的折合。从表 4－3 中数据可见，高温下的试验数据明显小于常温下的试验数据，从工程原理分析，这应是高温的影响使远解组件中的电子元件和火工品的作用时间变短所致，并不改变产品的失效机理。

由式（4－41）分别得到 k 的置信水平为 0.9 的置信区间为 [－1.121459，0.182981]，由式（4－42）分别得到 b 的置信水平为 0.9 的置信区间为 [1.103989，5.575505]。无论是同时使用 (k,b) 的置信下限或上限，都会使折合后的数据超出公差限，对比表 4－3 中的常温和高温下的试验数据，这一结果显然是与工程实际不符合的。

由式（4－40）得到 $k = 2.480871$，$b = 0.469195$。将高温试验数据按式（4－39）折合为常温试验数据，与原有的常温试验数据共同组成一个容量为 12 的样本，其样本均值为 0.4999996，样本方差为 0.0356133，置信水平 0.9 下，双边可靠度下限 $R_L = 0.998193$，这表明产品达到了可靠性指标要求。

4.3.3 成败型试验的环境因子

成败型试验的环境因子的研究结果已很完善，这里列出了主要内容。

某产品在环境Ⅰ下对于环境Ⅱ的成败型产品的环境因子等于该产品在此两种环境下的不可靠度（失败概率）之比，即

$$K = p_1/p_2 \tag{4-44}$$

显然，用经典方法考虑环境因子的区间估计是比较困难的，周源泉仅给出了贝叶斯精确限和 Fiducial 精确限。进行二项试验 $(s_i, f_i)(i=1,2)$，取共轭先验分布，p_i 的后验密度为

$$f_i(p_i) = \mathrm{Beta}(p_i \mid f'_i, s'_i) \qquad (i=1,2)$$

式中：$f'_i = f_{0i} + f_i$；$s'_i = s_{0i} + s_i$；(s_{0i}, f_{0i}) 为先验分布中的超参数；Beta（·）为贝塔分布的密度函数。K 的贝叶斯后验密度为

$$f(K) = \int_0^1 p_2 f_1(K \cdot p_2) f_2(p_2)\,\mathrm{d}p_2 \tag{4-45}$$

由于贝塔分布的密度函数在区间（0，1）外均为0，故将 K 值分为三个区间进行讨论：

（1）当 $K \leqslant 0$ 时，$f_1(K \cdot p_2) = 0$，故 $f = 0$。

（2）当 $0 < K < 1$ 时，用牛顿二项式

$$(1 - Kp_2)^{s'_1 - 1} = m\sum_{i=0}^{m} (-1)^i \binom{s'_1 - 1}{i} (Kp_2)^i$$

式中

$$m = \begin{cases} s'_1 - 1 & (s'_1 - 1 \text{ 为正整数}) \\ \infty & (\text{其他}) \end{cases}$$

于是有

$$f(K) = \frac{K^{f'_1 - 1}}{\mathrm{B}(f'_1, s'_1)\mathrm{B}(f'_2, s'_1)} \sum_{i=0}^{m} (-1)^i K^i \binom{s'_1 - 1}{i} \mathrm{B}(f'_1 + f'_2 + i, s'_2)$$

（3）当 $1 \leqslant K$ 时，做变换 $x = Kp_2$，可得

$$f(K) = \frac{1}{\mathrm{B}(f'_1, s'_1)\mathrm{B}(f'_2, s'_1)} \sum_{i=0}^{m'} (-1)^i \binom{s'_2 - 1}{i} \frac{\mathrm{B}(f'_1 + f'_2 + i, s'_1)}{K^{f'_2 + i + 1}}$$

式中

$$m' = \begin{cases} s'_2 - 1 & (s'_2 - 1 \text{ 为正整数}) \\ \infty & (\text{其他}) \end{cases}$$

由于 K 的贝叶斯上限 $K_{\mathrm{UB}} \geqslant 1$，故

$$\frac{1}{\mathrm{B}(f'_1, s'_1)\mathrm{B}(f'_2, s'_1)} \sum_{i=0}^{m'} (-1)^i \binom{s'_2 - 1}{i} \frac{\mathrm{B}(f'_1 + f'_2 + i, s'_1)}{(f'_2 + i) K^{f'_2 + i}} = \alpha \tag{4-46}$$

式（4-46）的计算比较麻烦，工程上常用Γ分布近似限或负对数Γ分布近似限。

非寿命连续型性能指标的环境因子与寿命分布的环境因子在概念上有很大差异，这也导致了它们应用的不同。本章给出了非寿命连续型性能指标环境因子的一般定义，对正态分布和威布尔分布的情况推导出了环境因子的表达式。通过实例说明了应用方法和步骤，并表明环境因子的使用有利于多种环境下试验数据的综合利用。

在工程应用中，使用环境因子的区间估计比使用点估计更加合理。使用多维环境因子时的区间估计是需要进一步研究的问题。

参 考 文 献

[1] 李荣，蔡洪，王慧频．多源验前信息之下贝叶斯可靠性评估［J］．模糊系统与数学，1997，11（3）：21-25.

[2] 茆诗松．贝叶斯统计［M］．北京：中国统计出版社，1999.

[3] Dyer D, Chiou P. An information theoretic approach to incorporating prior information in binomial sampling［J］. Communications in Statistics Theoretical Methods, 1984, 13（17）: 2051-2083.

[4] Savhuk Vladimir P, Martz Harry F. Bayes reliability estimation using multiple sources of prior information: binomal sampling［J］. IEEE Transactions on Reliability, 1994, 43（1）: 43-51.

[5] 马智博．利用多种信息源的可靠性评估方法［J］．计算物理，2003，20（5）：391-198.

[6] 张金槐，张士峰．验前大容量仿真信息“淹没”现场小子样试验信息问题［J］．飞行测控学报，2003，22（3）：1-6.

[7] Kleyner A, et al. Bayesian techniques to reduce the sample size in automotive electronics attribute testing［J］. Microelectron Reliability, 1997, 37（6）: 879-883.

[8] 张士峰．成败型产品可靠性的贝叶斯评估［J］．兵工学报，2001，22（2）：238-240.

[9] 涂利治．现代数学手册：随机数学卷［M］．武汉：华中科技大学出版社，1999.

[10] Bishop Y M M, Fienberg S E, Holland P W. 离散多元分析：理论与实践［M］．张尧庭，译．北京：中国统计出版社，1998.

[11] 吴喜之．非参数统计［M］．北京：中国统计出版社，2003.

[12] 周源泉，翁朝曦．2×2 列联表的统计分析［J］．系统工程与电子技术，1992（2）：77-80.

[13] Fisher R A, Yates F. Statistical tables for biological agricultural and medical research［J］. Oliver & Boyd, Edinburgh, 1963: 86.

[14] 中国科学技术情报研究所．质量管理的统计方法［M］．北京：科学技术文献出版社，1978.

[15] 周源泉，翁朝曦．可靠性增长［M］．北京：科学出版社，1992.

[16] Smith A F M. A Bayesian notes on reliability growth during a development testing program［J］. IEEE

Transactions on Reliability, 1977, 26 (5): 346 - 347.

[17] 周源泉. 研制试验阶段产品可靠性增长的评定 [J]. 强度与环境, 1983, 11 (1): 1 - 19.

[18] Fard N S, Dietrich D L. A Bayes reliability growth model for a development test program [J]. IEEE Transactions on Reliability, 1987, 36 (5): 568 - 571.

[19] 周源泉. 质量可靠性增长与评定方法 [M]. 北京: 北京航空航天大学出版社, 1997.

[20] 周源泉, 翁朝曦. 可靠性增长管理的综合公式 [J]. 系统工程与电子技术, 1992 (2): 77 - 80.

[21] 周源泉, 翁朝曦, 关于一次性使用产品可靠性增长管理方法的探讨 [J]. 系统工程与电子技术, 1993, 15 (8): 75 - 79.

[22] Bhattacharya S K, Srivastava V K. A Preliminary Test Procedure in Life Testing [J]. Journal of American Statistical Association, 1974, 69 (347): 726 - 729.

[23] Brook R J. On the Use of a Regret Function to Set Significance Points in Prior Tests of Estimation [J]. Journal of the American Statistical Association, 1976, 71 (353): 126 - 131.

[24] Pandey B N. Shrinkage Estimation of the Expoential Scale Parameter [J]. IEEE Transactions on Reliability, 1983, 32 (2): 203 - 205.

[25] Chiou P. A Preliminary Test Estimator of Reliability in a Life - testing Model [J]. IEEE Transactions on Reliability, 1987, 36 (4): 408 - 410.

[26] Thompson J R. Some Shrinkage Technique for Estimating the Mean [J]. Journal of American Statistical Association, 1968, 63 (321): 113 - 123.

[27] Mehta J S, Srinivasan R. Estimation of the Mean by Shrinkage to a Point [J]. Journal of American Statistical Association, 1971, 66 (333): 86 - 90.

[28] Pandy M. Shrunken Estimator of Weibull Shape Parameter in Censored Samples [J]. IEEE Transactions on Reliability, 1983, 32 (2): 202 - 203.

[29] Chandra N K. On the Efficiency of a Testimator for the Weibull Shape Parameter [J]. Communications in statistics - Theory and Methods, 1990, 19 (4): 1247 - 1259.

[30] Pandey B N. Shrinkage Testimators for the Shape Parameter of Weibull Distribution under Type II censoring [J]. Communications in statistics - Theory and Methods, 1989, 18 (4): 1175 - 1199.

[31] Adke S R. A Note on Shrinkage Factors in two Stage Testmation [J]. Communications in statistics - Theory and Methods, 1989, 18 (2): 633 - 637.

[32] Adke S R, Waiker V B, Schuurmann F J. A Two Stage Shrinkage Testimator for the Mean of an Exponential Distribution [J]. Communications in statistics - Theory and Methods, 1987, 16 (6): 1821 - 1834.

[33] Akaike H. Information Theory and an Extension of the maximum likelihood principle [J]. Inter. symp. on Information Theory, 1992 (1): 660 - 624.

[34] 费鹤良. Weibull 分布形状参数的收缩估计 [J]. 应用概率统计, 1997, 13 (1): 27 - 36.

[35] Inada K. A Minimax Regret Estimator of a Normal Mean after Preliminary Test [J]. Annals of the Institute of the statistical Mathematics, 1984, 36 (1): 207 - 215.

[36] Paul Chiou. Shrinkage Estimation of Threshold Parameter of the Exponential Distribution [J]. IEEE Transactions on Reliability, 1989, 38 (4): 449 - 453.

[37] 费鹤良. Weibull 分布尺度参数的收缩估计 [J]. 高校应用数学学报, 1997 (3): 283 - 290.

[38] 王炳兴. 环境因子的定义及其统计推断 [J]. 强度与环境, 1998, 1998 (4): 24 - 30.

[39] Pieruschka E. Relation between lifetime distribution and the stress level causing failure [S]. LMSD - 400800, Lockheed Missile and Space Division, Sunnyvale, California, 1961.

[40] Tyoskin O I, Irivolapov S Y. Nonparametric Model for Step – stress Accelerated Life Testing [J]. IEEE Transactions on Reliability, 1996, 45 (2): 35 – 40.
[41] 周源泉. 论加速系数与失效机理不变的条件（Ⅰ）—寿命型随机变量的情况 [J]. 系统工程与电子, 1996 (1): 55 – 61.
[42] Nelson W B. Accelerated life testing – step – stress models and data analysis [J]. IEEE Transactions on Reliability, 1980, 29: 103 – 108.
[43] Wei Ling, Qi Jian – Jun, Shi Yin – min. The EB Estimation of Scale – Parameter for the Two – parameter Exponential Distribution under the Type Ⅱ – Censoring life Test [J]. 应用数学, 2001 (4): 66 – 70.
[44] R Calabrina, Palcini. Bayes Credibility Intervals for the Left – Truncated Exponential [J]. Microelectronics. Reliability, 1994, 34 (12): 1897 – 1907.
[45] Chen Zhen – min. Joint Estimation for the Parameters of Weibull Distribution [J]. Journal of Statistical Planning and inference, 1998, 66 (1): 113 – 120.
[46] Abdalla A, Abdel – Ghaly. The Maximum Likelihood Estimates in Step Partially Accelerated Life Tests for the Weibull Parameters in Censored Data [J]. Commun. Statist. – Theory Meth., 2002, 31 (4): 551 – 573.
[47] Soliman A A. Linex and Quadratic Bayes Estimations Applied in the Pareto Model [J]. Communications in Statistics – Simulation and Computation, 2001, 30 (1): 63 – 77.
[48] Nassar, M M. Bayesian Estimation for the Exponential Weibull Model [J]. Communication in Stastics – theory Methods, 2004, 33 (10): 2343 – 2362.
[49] van Dorp, J Rene, Mazzuchi Thomas A. A General Bayes Exponential Inference Model for Accelerated Life Testing [J]. Journal of Statistical Planning and Inference, 2004, 119 (1): 55 – 74.
[50] Wang Bingxing. Unbiased Estimations for the Exponential Distribution Based on Step – Stress Accelerated Life – Testing Data [J]. Applied Mathematics and Computation, 2006, 173 (2): 1227 – 1237.
[51] 黄美英, 周长胜. 正态分布参数的环境因子 [J]. 哈尔滨工程大学学报, 1995, 16 (1): 23 – 29.
[52] 王善, 李丽萍, 黄美英. 环境因子的分析及应用 [J]. 宇航学报, 2001, 22 (3): 74 – 78.
[53] 周源泉. 可靠性评定 [M]. 北京: 北京科学技术出版社, 1990.
[54] 孙利新, 余文力. 正态双边可靠性的一种工程近似计算 [J]. 应用概率统计, 2001, 17 (4): 337 – 340.
[55] Odeh R E, Owen D B. Tables for Normal Tolerance Limits, Sampling Plans, and Screening [M]. New York: Dekker, 1980.
[56] 王玮. 收缩技术的发展及其在截尾寿命试验中的应用 [J]. 军械工程学院学报, 2003, 15 (增刊): 39 – 43.
[57] 王玮. 收缩估计在多源先验信息综合中的应用 [J]. 军械工程学院学报, 2003, 15 (增刊): 44 – 446.
[58] 王玮. 基于分层数据的可靠性估计方法 [J]. 中国兵工学会首届维修专业学术年会论文集, 2003: 416 – 418.

第5章
弹药引信小子样可靠性评估方法及应用

高价值弹药引信可靠性评估的困难在于：弹药价格昂贵，全弹的靶场试验量很小，且引信的可靠性指标高于全弹的可靠性指标。因此，仅依靠全弹的靶试数据难以验证引信的可靠性水平。引信的各种模拟试验数据是在小子样条件下的重要数据补充，合理、充分地利用模拟试验数据是解决引信可靠性评估困难的重要途径。因此，需要研究以下两个方面的问题：

（1）可靠性系统综合。

（2）系统虚拟试验数据的使用方法。

此外，需进一步研究由小子样可靠性评估给弹药引信验收带来的风险，以及弹药引信抽样检验方法。

5.1 小子样可靠性评估方法

基于第3章和第4章的研究基础，根据弹药引信的结构、组成、验收试验和可靠性评估等特点，融合模拟与飞行的试验信息，建立了适用于弹药引信的可靠性验收评估总体思路技术，如图5-1所示。

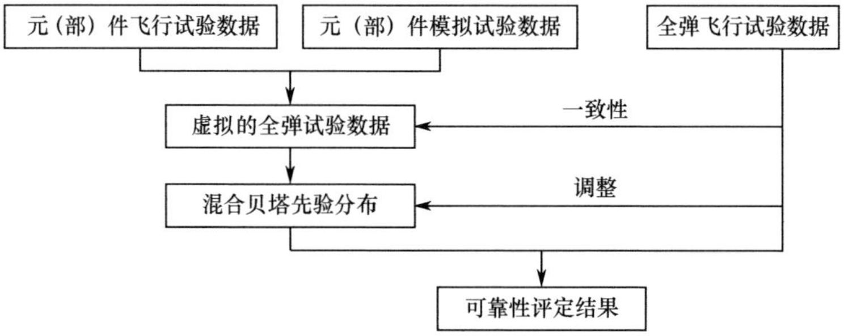

图5-1 作用可靠性综合评估总体思路

在总体解决思路实施中，主要包含两个方面内容：①采用 CMSR 或 L-M 法进行系统综合，即由单元试验数据折合成虚拟全弹数据；②采用基于继承因子和混合贝塔分布的贝叶斯方法，融合地面模拟试验和动态侵彻试验数据，综合评估侵彻弹作用可靠度。

根据已有的各种先验数据的处理方法、不同总体数据的融合方法和可靠度下限的计算方法，结合图 5-1 确立了如图 5-2 所示的可靠性评估实施步骤。主要步骤包括可靠性建模、数据准备、数据处理和评估。该方法涵盖了评估中的多种可能性，实际使用中，根据弹药引信评估中的实际情况，依据图 5-2 制定具体的评估流程。

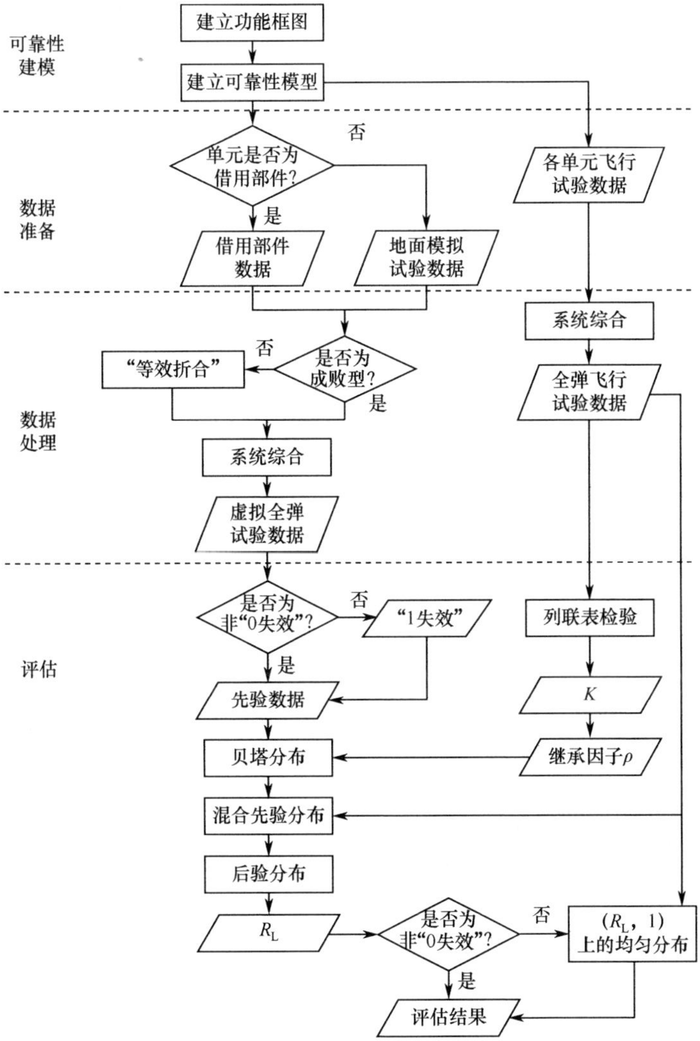

图 5-2　基于各阶段试验的可靠性评估实施步骤

5.1.1 可靠性模型的建立

建立引信可靠性数学模型主要有基于引信结构和基于引信功能两种方法。当以可靠性评估为目的进行建模时，引信的两种建模方式各有利弊。基于引信结构建模方式的有利之处在于：组成系统的各结构单元均可进行试验。但是，由于引信系统不满足叠加原理，系统的可靠性不完全由各结构单元的可靠性决定，所以基于引信结构建模方式不利于引信系统的可靠性评估。基于引信功能建模方式的有利之处在于：在模拟试验中，引信作为一个整体进行试验，一项或一系列的试验中能同时验证引信的多项功能指标，试验数据反映了引信系统层次的可靠性水平。这是基于引信结构的建模方式所不具备的，但受试验技术和手段的制约，对某些功能可能缺乏相应的模拟试验方法。

由上述分析可见，以可靠性评估为目的的引信可靠性建模的基本思路是：将现有的两种建模方式结合起来，首先建立引信功能框图，然后对照模拟试验项目修改功能框图，把不能进行试验验证的功能用与之对应的结构单元替代得到功能－结构混合框图。在可靠性评估时，将该功能所涉及的各结构单元的试验数据折合为该功能参数的虚拟试验数据。

1. 建模步骤

（1）建立引信功能框图。要求每项功能都需要有与之对应的地面试验。

（2）建立引信结构框图。对照引信的实验室和外场试验项目，对无法试验验证的功能用与之相应的结构代替。

（3）建立引信功能－结构混合框图。

（4）建立引信可靠性框图。按各项功能间的可靠性关系建立框图。

（5）建立引信可靠性数学模型。按照任务可靠性框图，得出任务可靠性的数学模型。引信可靠性模型的基本形式为串联、并联或混联，并假定引信及其结构（或功能）单元只具有正常和失效两种状态，且各单元的失效相互独立。

2. 某触发引信的可靠性建模

（1）建立引信功能框图。该引信与作用任务阶段具有的功能包括解除保险（F1）、发火控制（F2）、输出爆炸冲量（F3）。引信功能框图如图 5－3 所示。

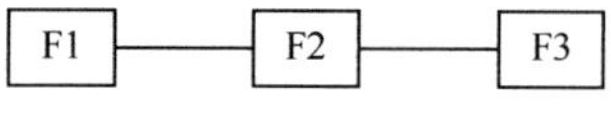

图 5－3　引信功能框图

(2) 建立引信结构框图。该引信与各项功能相对应的结构：解除保险机构（G1，对应 F1）；发火控制系统（G2，对应 F2）；传爆序列（G3，对应 F3）。引信结构框图如图 5-4 所示。

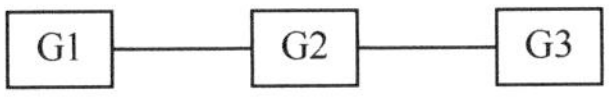

图 5-4 引信结构框图

假如没有与功能 F2 相应的模拟试验项目，则用 G2 代替 F2。引信功能-结构对应框图如图 5-5 所示。

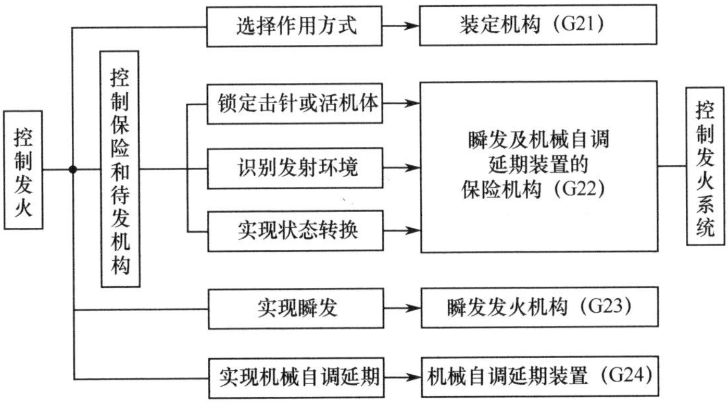

图 5-5 引信功能-结构对应框图

(3) 建立引信功能-结构混合框图。由图 5-3 ~ 图 5-5 可以建立该引信的功能-结构混合框图，如图 5-6 所示。

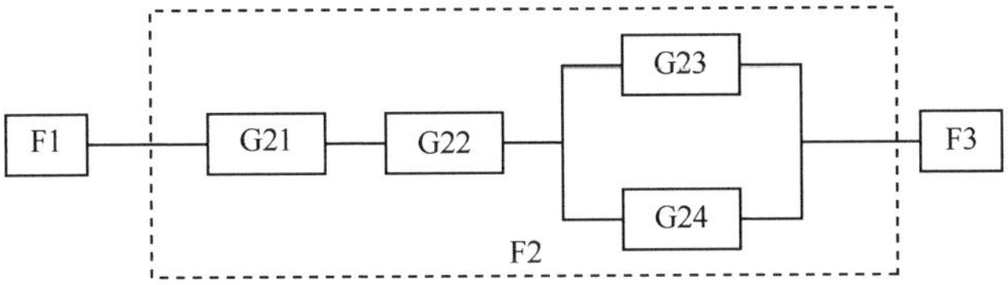

图 5-6 引信功能-结构混合框图

(4) 建立引信可靠性框图。由上述分析，可得引信可靠性框图如图 5-7 所示。

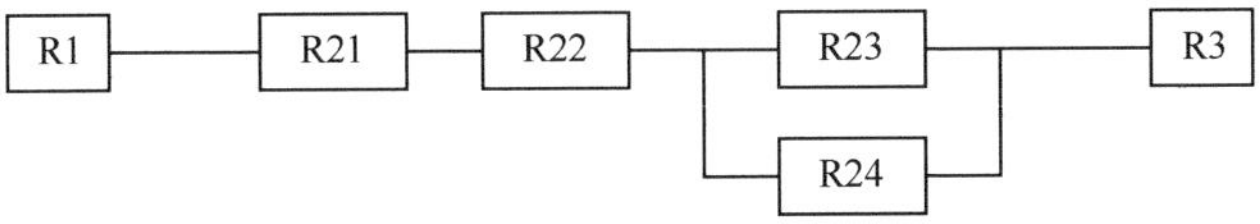

图 5-7 引信可靠性框图

R1—解除保险可靠度；R21—装定机构可靠度；R22—瞬发及机械自调延期装置的保险机构可靠度；R23—瞬发发火机构可靠度；R24—机械自调延期装置可靠度；R3—输出可靠度。

（5）建立引信可靠性数学模型。引信系统作用可靠度 $R = R1 \cdot R21 \cdot R22 \cdot (R23 + R24 - R23 \cdot R24) \cdot R3$。

5.1.2 数据收集

数据收集主要是收集对应于5.1.1节中的弹药引信各子系统，数据既可以是单独对子系统的试验数据，也可以是借用模拟弹或实弹完成的搭载试验数据。一般包含以下三个方面：

（1）弹药引信借用件飞行试验数据。

（2）弹药引信新研件模拟动态试验数据。

（3）弹药引信新研件飞行试验数据。

1. 数据使用原则

（1）可靠性综合评定设计定型和正样机的飞行试验数据与模拟动态试验数据相结合的使用原则。可以采信技术状态固化后的初样机飞行试验数据和借用件前期的飞行试验数据。

（2）设计定型和正样机阶段飞行试验数据可以直接参与可靠性评定，而模拟动态试验数据、技术状态固化后的初样机飞行试验数据和借用件前期飞行试验数据只能作为先验信息参与可靠性评定。

（3）新研产品（部件）模拟动态试验数据使用的前提条件是：模拟动态试验项目覆盖发射飞行全过程；模拟试验环境条件尽量与飞行过程环境相吻合。

（4）借用件可以使用随其他产品飞行试验的数据，包括设计定型、生产交验、部队大型训练试验等的数据。

（5）新研部件同时被两个以上产品使用时，飞行试验数据可以共同使用。

（6）试验数据依据产品正规试验结果进行统计，有效数据必须经过军方参加试验并签字认可。无效数据的剔除以总部组织的专家会议意见为基本依据。

2. 数据整理

根据数据使用原则列出弹药引信各个部件的先验信息数据和飞行试验数据，以备数据处理使用。

如某弹的可靠性评估数据表格式见表5-1。具体统计时可以根据具体情况拟定合适的数据表。

表 5－1 可靠性评估数据

序号	部件名称	先验信息		飞行试验信息	
		试验数	失败数	试验数	失败数
1	角度稳定系统（借用件）				
2	距离修正系统（新研件）				
3	安全起爆机构（新研件）				
4	杀爆舱（新研件）				
5	分离舱（新研件）				
6	火箭部（借用件）				

5.1.3 地面试验数据的处理

1. 计量型数据折合为成败型数据

若某项试验的结果为计量型数据，则需要将其折合为成败型数据。

设样本 $X=(X_1, X_2, \cdots, X_k)$ 来自连续型总体 $\xi \sim F(x, \theta)$。

记 $\hat{R}(X)$ 为可靠度 R 的点估计，$R_L(X)$ 为可靠度下限，置信水平为 $1-\alpha$。

在得到了试验结果 $x=(x_1, x_2, \cdots, x_k)$ 后，有 $\hat{R}=\hat{R}(x)$ 和 $R_L=R_L(x)$，通过式（5－1）得到的 (n^*, s^*)，称为等效的成败型数据。

$$\begin{cases} s^*/n^* = \hat{R}(x_1, \cdots, x_k) \\ \int_{R_L}^{1} x^{s^*-1}(1-x)^{n^*-s^*}\mathrm{d}x = 1-\alpha\int_0^1 x^{s^*-1}(1-x)^{f^*}\mathrm{d}x \end{cases} \tag{5-1}$$

式中：$f^* = n^* - s^*$。

对于二项分布，如果 $\hat{R}(x)$ 取极大似然估计，$R_L(X)$ 取经典非随机化最优置信限，则式（5－1）可写为

$$\begin{cases} \hat{R} = s^*/n^* \\ R_L = \left(1+\dfrac{f+1}{s}F_{2f^*+2, 2s^*; 1-\alpha}\right)^{-1} \end{cases} \tag{5-2}$$

式（5－2）中的 s^* 和 f^* 可通过迭代公式求解：

$$\begin{cases} f^{(i-1)} = \dfrac{s^{i-1}(1-\hat{R})}{\hat{R}} \\ s^{(i)} = \dfrac{(f^{i+1}+1)R_{\mathrm{L}}F^{i-1}_{2f+2,2s,1-\alpha}}{1-R_{\mathrm{L}}} \end{cases} \tag{5-3}$$

式中：$F^{i-1}_{2f+2,2s,1-\alpha}$ 为自由度 $2f^{i-1}+2$ 和 $2s^{i-1}$ 的 F 分布的 $1-\alpha$ 分位数。

在迭代中两个自由度一般不为整数，此时，F 分位数可按 Paulson－Takeuchi 近似公式计算：

$$F_{2f+2,2s,1-\alpha} = \left\{\frac{(1-a)(1-b)+u_{1-\alpha}[(1-a)^2b+a(1-b)^2-abu^2_{1-\alpha}]^{1/2}}{(1-b)^2-bu^2_{1-\alpha}}\right\}^3 \tag{5-4}$$

式中：$a=\dfrac{1}{9(f+1)}$；$b=\dfrac{1}{9s}$；$u_{1-\alpha}$ 为标准正态分布的 $1-\alpha$ 分位数。

2. 单元数据折合为系统虚拟数据

可靠性系统试验数据的综合需要考虑的问题是：组成系统的各单元分别进行的若干试验，相当于系统进行了怎样的试验。对于引信来说若干引信进行了一系列的模拟试验，相当于引信进行了怎样的实际试验 (n,s)。这里，(n,s) 并非引信系统实际的试验数和成功数，而是由各单元模拟试验数据折合来的，称为系统虚拟试验数据。

成败型单元组成的串联系统是最简单，也是最重要的系统。事实上，只要有了串联系统的可靠性综合方法，对于并联系统（作为串联系统的对偶）以及混联系统（串并联、并串联）的可靠性综合问题，都可以用相应的方法解决。而更为复杂的系统可靠性结构，如储备系统、n 中取 k 系统以及网络系统，目前在引信中还没有出现。但是，当各单元的试验数据有多种类型时，即使是对于最简单的串联系统，除特殊情况外（成败型和指数型），尚没有直接的折合方法。

对于成败型单元串联系统的可靠性综合问题，已有的研究结果非常丰富，使用的统计理论涉及统计学的各主流学派，常见的方法有二三十种，典型的如 MML 法、序贯压缩（SR）方法、矩拟合（EF）方法、贝叶斯方法、L－M 法、CMSR 法。

根据各种方法的适用性，结合高价值弹药用引信的特点，选用 CMSR 方法和 L－M 方法作为系统可靠性综合的基本方法。

1）CMSR 方法

CMSR 方法将 MML 方法与 SR 方法结合使用，CMSR 方法属于最不保守的。

设系统由 m 个成败型单元串联而成，试验后，“0 失效”的单元有 k 个，“非 0 失效”的单元 $m-k$ 个。对“非 0 失效”的单元，其试验数据按样本量从大到小排列为 $(n_1,s_1),(n_2,s_2),\cdots,(n_{m-k},s_{m-k})$。对“0 失效”的单元，其样本量从大到小排列为 $n_{m-k+1},n_{m-k+2},\cdots,n_m$。

（1）“0 失效”数据的处理。k 个串联单元的“0 失效”试验数据等效于 1 个子系统进行了 n_m 次“0 失效”试验。

（2）对数据 (n_{m-k},s_{m-k}) 和 (n_m,s_m)，这里 $s_m=n_m$，按 SR 方法进行 1 次压缩得到 (n'_{m-k},s'_{m-k})，其中：

当 $s_{m-k}\geqslant n_m$ 时，有

$$\begin{cases} s'_{m-k}=s_m=n_m \\ n'_{m=k}=\dfrac{n_{m-k}n_m}{s_{m-k}} \end{cases} \tag{5-5}$$

当 $s_{m-k}<n_m$ 时，有

$$\begin{cases} s'_{m-k}=s_{m-k} \\ n'_{m=k}=n_{m-k} \end{cases} \tag{5-6}$$

式（5-5）和式（5-6）中：$(n_{m-k},s_{m-k})=(n'_{m-k},s'_{m-k})$。

（3）对数据列 $(n_1,s_1),(n_2,s_2),\cdots,(n_{m-k-1},s_{m-k-1}),(n'_{m-k},s'_{m-k})$ 应用 MML 方法，计算系统等效试验数据 (n,s)：

$$n=\frac{\prod\limits_{i=1}^{m-k}\dfrac{n_i}{s_i}-1}{\sum\limits_{i=1}^{m-k}\dfrac{1}{s_i}-\sum\limits_{i=1}^{m-k}\dfrac{1}{n_i}} \tag{5-7}$$

$$s=n\prod_{i=1}^{m-k}\frac{s_i}{n_i} \tag{5-8}$$

（4）得到系统等效试验数据 (n,s) 后，系统可靠度的置信下限（置信水平为 $1-\alpha$ 时）为

$$R_{\mathrm{LC}}=\left(1+\frac{f+1}{s}\cdot F_{2f+2,2s,1-\alpha}\right)^{-1} \tag{5-9}$$

式中：$F_{2f+2,2s,\gamma}$ 为自由度 $2f+2$ 和 $2s$ 的 F 分布的 $1-\alpha$ 分位数。

在很多模拟试验中，会出现各单元均为“0 失效”的情况，则由下面的定理可知，等效的系统试验数据与试验数最少的单元的试验数据相同。

定理 5.1 若 $f_i=n_i-s_i=0(i=1,2,\cdots,m)$，则等效于串联系统进行了二

项试验：

$$(n,f)=(\min_{1\leq i\leq m}\{n_i\},0) \tag{5-10}$$

对并联系统的情况，可转化为串联系统的不可靠度问题来处理。分别用f、f_i代替式（5-7）和式（5-8）中的s、s_i即可。

在特殊情况下，有下述定理。

定理5.2 若$f_i=n_i-s_i=0,n_i=n_0(i=1,2,\cdots,m)$，则串联系统的不可靠度的置信上限（置信水平$1-\alpha$）为

$$p_{\mathrm{U}}=[1-\alpha^{\frac{1}{mn_0}}]^m$$

2）L-M方法

由Lindstorm和Madden提出的L-M方法，是比较有代表性的一种方法，取

$$n^*=\min(n_1,n_2,\cdots,n_m) \tag{5-11}$$

$$s^*=n^*\cdot\prod_{i=1}^{m}\frac{s_i}{n_i} \tag{5-12}$$

式中：n^*为虚拟试验数；s^*为虚拟成功数。

L-M方法是基于物理模型的直观考虑，由此所得到的置信下限一般偏保守，可用于一些弹药的可靠性评定。

总之，当各单元的试验与系统试验的一致性很好且系统结构简单时，系统综合应使用CMSR方法；否则，出于保守的考虑，系统综合使用L-M方法。

5.1.4 先验分布的确定

当虚拟试验数据“0失效”时，令失效数$f=1$，成功数s为原成功数减1。

1. 计算继承因子

靶试数据和虚拟试验数据见表5-2。

表5-2 靶试数据和虚拟试验数据

试验项目	成功数	失败数	试验数
靶试	s_0	f_0	n_0
虚拟试验	s	f	n
和	$s+s_0$	$f+f_0$	$n+n_0$

$$K=\frac{[\,|s_0\cdot f-s\cdot f_0|-(n+n_0)/2]^2(n+n_0)}{(s+s_0)\cdot(f+f_0)\cdot n\cdot n_0} \tag{5-13}$$

$$Q(K)=P\{\chi_1^2>K\} \tag{5-14}$$

式中：χ_1^2为服从自由度为1的χ^2分布的随机变量。

得到继承因子为

$$\rho = Q^{1/2} \tag{5-15}$$

2. **确定混合先验分布**

混合先验分布为

$$\pi_\rho(R) = \rho \text{Beta}(a,b) + (1-\rho) \tag{5-16}$$

式中：ρ 为继承因子，$1-\rho$ 为更新因子；Beta(a,b) 为贝塔分布的密度函数，可表示成

$$\text{Beta}(a,b) = \frac{1}{\text{B}(a,b)} R^{a-1}(1-R)^{b-1}$$

其中：B $(a,\ b)$ 为贝塔函数，可表示成

$$\text{B}(a,b) = \Gamma(a)\Gamma(b)/\Gamma(a+b)$$

确定式中的 a、b 有多种方法，比较简单的是取 $a=s$，$b=f$。

5.1.5 可靠度下限的计算

1. **计算后验密度**

取得样本 (n_0,s_0) 后，可推导出后验密度为

$$\pi_\rho(R \mid n_0,s_0) = \frac{M\text{Beta}(s_0+1,n_0-s_0+1) + N\text{Beta}(s_0+a,n_0-s_0+b)}{M+N} \tag{5-17}$$

式中

$$M = (1-\rho)\text{B}(a,b)\text{B}(s_0+1,n_0-s_0+1) \tag{5-18}$$

$$N = \rho \text{B}(s_0+a,n_0-s_0+b) \tag{5-19}$$

2. **计算可靠度（成功率）下限**

给定置信水平 $1-\alpha$ 后，R_L 从下式解出：

$$\int_{R_L}^{1} \pi_\rho(R \mid n_0,s_0) = 1-\alpha \tag{5-20}$$

当虚拟试验数据“非0失效”时，可靠度下限最终评估值即为 R_L。

5.1.6 先验数据“0失效”的处理

当先验数据出现“0失效”时，令失效数 $f=1$，成功数 s 为原成功数减1，然后利用式（5-20）确定可靠度下限。

在相同的现场试验数据 (s_0,f_0) 和相同的先验样本量下，对于可靠度下限

的估计，先验“0 失效”时的估计值不小于先验“1 失效”时的估计值。因此，假设可靠度 R 的先验分布为 $(R_L,1)$ 上的均匀分布。由贝叶斯公式，R 的后验分布密度为

$$R^{s_0}(1-R)^{f_0}/\int_{R_L}^{1} R^{s_0}(1-R)^{f_0}\mathrm{d}R \tag{5-21}$$

于是，可靠度下限最终的估计值 R_{L1} 由下式解出：

$$\int_{R_{L1}}^{1} R^{s_0}(1-R)^{f_0}\mathrm{d}R/\int_{R_L}^{1} R^{s_0}(1-R)^{f_0}\mathrm{d}R = 1-\alpha \tag{5-22}$$

5.2 小子样可靠性评估方法适用性分析

通过蒙特卡罗模拟，分别产生现场总体 R_0 的随机样本（n_0，s_0，f_0）和先验总体 R 的随机样本（n，s，f）。在置信水平 $1-\alpha$ 下，按本书的评估方法计算可靠度下限。上述工作循环 Z 次，计算覆盖率 V。

大量的模拟计算表明，影响覆盖率 V 的主要因素包括：现场总体 R_0 和先验总体 R 的相对值；现场样本量 n_0 和先验样本量 n 的绝对值及相对值；置信水平 $1-\alpha$；循环次数 Z。具体的结论如下：

（1）覆盖率 V 在 2000 次左右时，覆盖率基本稳定。

（2）现场总体 R_0 和先验总体 R 趋于相等时，覆盖率 V 变大，且当两个样本量的和接近经典统计方法的样本量时，覆盖率 V 接近置信水平 $1-\alpha$。

（3）在多数情况下，当现场样本量 n_0 在经典统计方法的样本量为 1/2～2/3 时，且先验样本量 $n=(0.8\sim1.5)n_0$ 时，本书评估方法的覆盖率 V 达到最佳。

（4）当现场样本与先验样本不能通过一致性检验时，按本书的评估方法，将不采用先验信息（继承因子 $\rho=0$），所以在模拟计算中的覆盖率会出现台阶现象。

由于上述各种因素的组合有无穷多组，因此只能基于特定的应用场景验证评估方法的有效性能否满足要求。表 5-3 列出了基于某制导弹引信的可靠性指标（可靠度下限为 0.95，置信水平为 0.9）和可实现的样本量，进行模拟的结果。

表 5-3 评估方法的覆盖率

先验总体 R	现场总体 R_0					
	0.75	0.8	0.85	0.90	0.95	0.99
0.75	0.913	—	—	—	—	—
0.8	0.895	0.899	—	—	—	—

（续）

先验总体 R	现场总体 R_0					
	0.75	0.8	0.85	0.90	0.95	0.99
0.85	0.883	0.892	0.90	—	—	—
0.9	0.874	0.879	0.891	0.917	—	—
0.95	0.887	0.944	0.855	0.856	0.929	—
0.99	0.898	0.949	0.95	0.828	0.92	0.936
0.999	0.981	0.971	0.973	0.907	0.911	0.922

注：样本量：现场30，先验40。置信水平为0.9。循环2000次

（5）模拟与飞行试验融合的引信可靠性试验样本量比经典方法减少1/2。

现以制导侵彻弹引信的可靠性评估为案例进行计算。按照前述的可靠性评估方法和可靠性指标要求，针对一定的飞行试验数量，试算在飞行试验“0失效”和“1失效”时所需的最小试验数量。利用L－M方法系统综合法进行计算，说明飞行试验“0失效”和“1失效”样本量的减小效果，结果见表5－4。

表5－4　地面“0失效”、飞行试验“0失效”和“1失效”计算结果

数据情况	地面试验数量/发	飞行试验数量/发	评估值/经典值
飞行“0失效”	47	23	0.9500/0.9047
飞行“1失效”	42	36	0.9504/0.8962

实际评估过程中，根据可靠性指标，即置信水平为0.9、可靠度为0.95：当飞行“0失效”时，需要整弹飞行45发；当飞行“1失效”时，需要整弹飞行77发。

由表5－4可见，当飞行数据“0失效”时，飞行试验数量为23发，比标准规定的45发减少49%；当飞行数据“1失效”时，飞行试验数量为36发，比标准规定的77发减少53%。

上述计算表明，用该方法比经典方法减小1/2试验量。

5.3　小子样可靠性评估方法的应用案例

小子样可靠性评估方法不仅用于弹药引信的可靠性评估，还用于制定弹药引信的试验方案，这样可以为产品试验方案的论证和制定提供重要依据。本节主要阐述评估方法在机电引信和弹药产品的小子样可靠性评估案例，以及该方法在近炸引信试验方案制定中的应用。

5.3.1　某型制导炮弹机电引信小子样可靠性评估

国外某型号末制导炮弹是陆军现役装备中的主要武器之一，具有射程远、

命中精度高、毁伤威力大、反应快、机动性好等特点。制导炮弹中采用了大量的高新技术，结构比常规弹药复杂得多，价格昂贵且生产批量小。其配用X引信，结构精巧、工作环境复杂、可靠性要求高、靶试数据量小，是典型的小子样可靠性评估。引信模拟试验量较大，适合使用本书的评估方法。

在导引头有捕获输出信号的情况下，无论是否命中预定目标，对各类目标和各类地面（含水面），作用可靠度置信下限为0.94、置信水平为0.9。

1. 结构组成与作用过程

X引信主要由保险机构、隔爆机构、发火机构及传爆序列等组成，如图5-8所示。

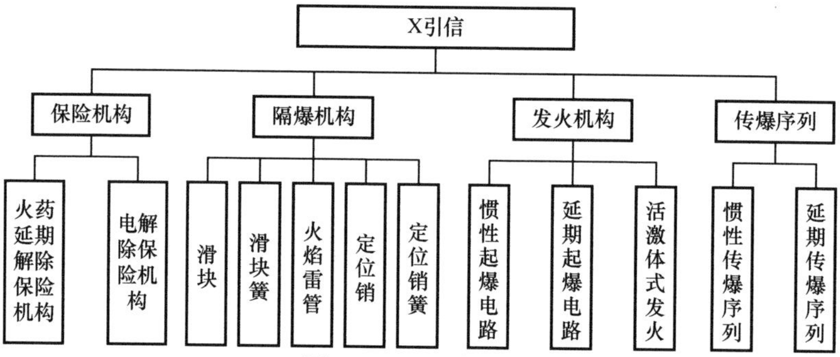

图5-8 X引信结构

保险机构有两个：一个是火药延期解除保险机构，用于延期解除保险；另一个是电解除保险机构，用于在弹丸自动导引头捕获目标前的弹道保险。

保险状态下，滑块同时被火药延期解除保险机构中的保险杆和电解除保险机构中的钢球限位，使雷管与传爆序列其余火工品不对位，确保引信安全。

引信的主发火方式是电发火方式，按照引信的惯性和延期两种作用方式分别有惯性和延期起爆电路。在导引头未捕获目标前，弹上电池不向引信供电，引信的发火电路不能工作。引信的电发火方式发生故障而不能工作时，为提高发火率，引信装有活激体式发火机构。

传爆序列按惯性和延期作用方式的不同，有惯性传爆序列和延期传爆序列，如图5-9所示。

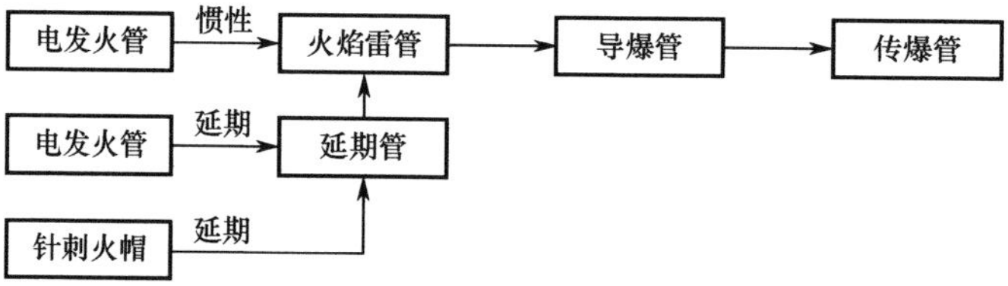

图5-9 X引信的传爆序列

2. 功能与试验项目

根据工作时序和结构框图，X 引信功能与对应结构见表 5－5。

表 5－5　X 引信功能与对应结构

功能（代码）		结构（代码）	
解除保险（F1）	延期解除保险（F11）	火药延期解除保险机构（G11）	解除保险与隔爆机构（G1）
	解除弹道保险（F12）	电解除保险机构（G12）	
	解除隔爆（F13）	隔爆机构（G13）	
发火控制（F2）	惯性起爆（F21）	惯性起爆电路（G21）	发火控制机构（G2）
	延期起爆（F22）	延期起爆电路（G22）	
	活激体（F23）	活激体机构（G23）	
输出爆炸冲量（F3）	惯性传爆（F31）	惯性传爆序列（G31）	传爆序列（G3）
	延期传爆（F32）	延期传爆序列（G32）	

X 引信功能框图如图 5－10 所示。

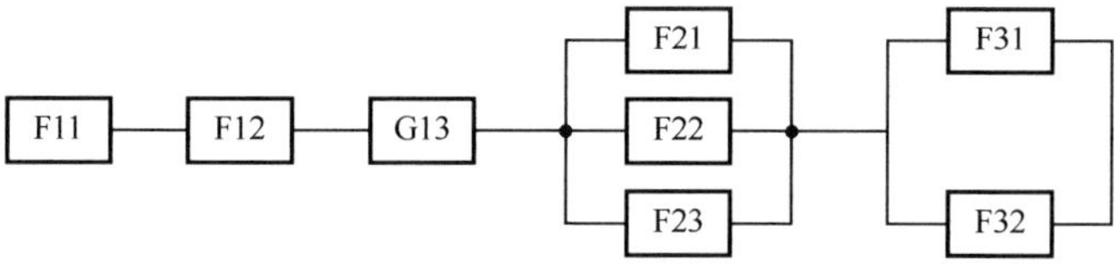

图 5－10　X 引信功能框图

与上述各项功能对应的模拟试验项目见表 5－6。

表 5－6　模拟试验项目

模拟试验项目	试验方法
后坐解除保险试验	用假传爆管代替引信中的真传爆管；引信装到试验夹具上；带有引信的夹具固定到 ПТС－12000 型冲击试验台上；沿 *X* 轴方向使引信承受单次机械冲击作用；试验后取出引信，目视检查保险杆是否上升到位
电解除保险试验	解除后坐保险的引信装好汇流器；引信装入专用砂型战斗部内，战斗部与专用控制舱对接好；对接好的组件与控制舱自动测试台连接好；按引信工作时序通过控制舱给引信供电，使引信电解除保险；试验后取出引信，目视检查滑块是否到位，有无影响安全性的火工品爆炸
模拟发火试验	用导线接连已解除保险的引信，装入发火试验夹具，接好供电线路；将锤击试验机调到 20 齿位置；开启外部供电直流稳压电源；进行锤击；试验后，分解检查导爆管作用情况，导爆管应被引爆

（续）

模拟试验项目	试验方法
起爆完全性试验	引信置于爆炸塔内，选用通电法起爆；调作用时间测试装置给引信供电压；给引信充电后起爆引信；试验后检查，传爆管应爆炸，且无残药
惯性、延期作用时间测试	产品放入爆炸塔内；导线的一头短路，另一头与产品连接；作用时间测试装置与电源连接好，并调试仪器是否正常；作用时间测试装置与电源断开，并打开仪器各开关；连接产品的导线与作用时间测试装置连接好；作用时间测试装置与电源连接好，并调试仪器处于待起爆状态；闭合起爆开关，使产品起爆，并记录作用时间；起爆后，过 5min 再进入爆炸塔内检查作用情况，并清理现场。 也可在高、低温试验后进行本项试验。高温：高温箱（60±3)℃，保持 2h。低温：低温箱 -(60±3)℃，保持 2h

结合图 5-9 和表 5-6 可得 X 引信功能、模拟试验项目、结构对应，见表 5-7。

表 5-7 X 引信功能、模拟试验项目、结构对应

功能	模拟试验项目	结构	说明
F11	后坐解除保险试验	延期管	后坐解除保险时间由延期管作用时间试验测得
F12	电解除保险试验	—	—
F13	—	隔爆机构（G13）	用组成隔爆机构的元件检测数据替代 F13 的试验数据
F21	模拟发火试验	—	—
F22	模拟发火试验	—	—
F23	—	活激体（G23）	用组成活激体的元件检测数据替代 F23 的试验数据
F31	起爆完全性试验	—	—
F32	起爆完全性试验和延期作用时间测试	—	包括高温、低温和常温试验

根据图 5-11 可以得到 X 引信的功能-结构混合框图，如图 5-12 所示。

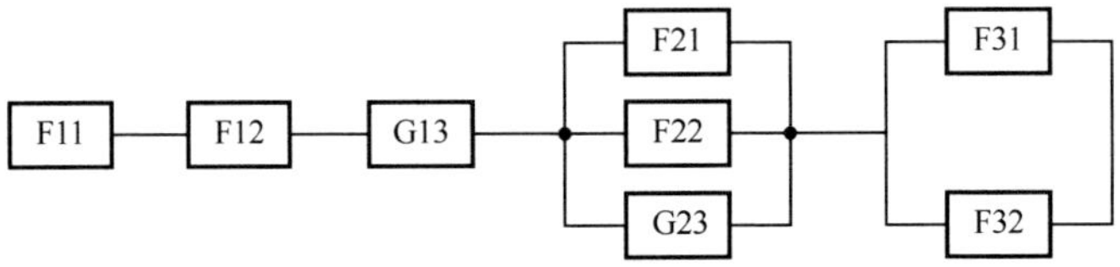

图 5-11 X 引信功能-结构混合框图

3. 可靠性框图与模型

当 X 引信被装定为惯性作用时，其惯性作用可靠性框图如图 5－12 所示。当引信被装定为延期作用时，F21 和 F31 均不作用，可以认为 R21＝R31＝0，延期作用可靠性框图如图 5－13 所示。显然，延期作用可靠性小于惯性作用可靠性，所以对 X 引信只需评估延期作用可靠性。

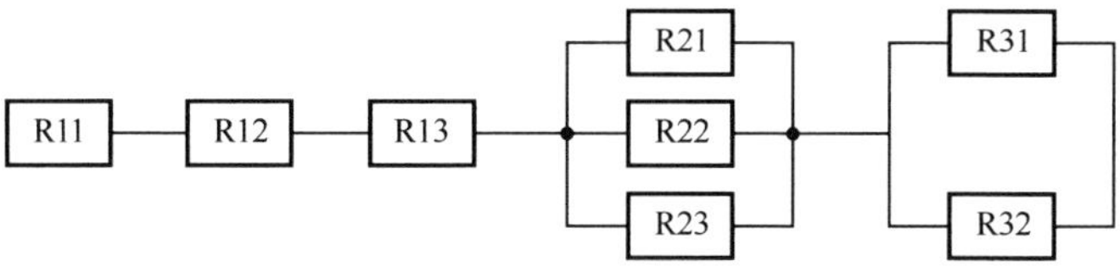

图 5－12　X 引信惯性作用可靠性框图

R11—延期解除保险可靠度；R12—解除弹道保险可靠度；R13—解除隔爆可靠度；
R21—惯性起爆可靠度；R22—延期起爆可靠度；R23—活激体作用可靠度；
R31—惯性传爆可靠度；R32—延期传爆可靠度。

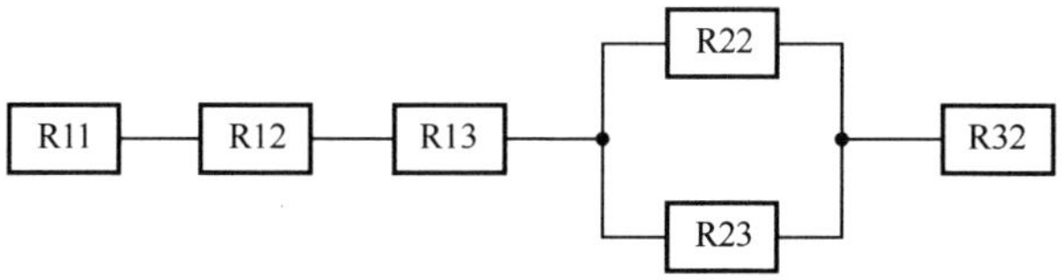

图 5－13　X 引信延期作用可靠性框图

可靠性模型为

$$R = R1 \cdot R2 \cdot R3 = (R11 \cdot R12 \cdot R13) \cdot (R22 + R23 - R22 \cdot R23) \cdot R32 \quad (5-23)$$

式中：R1 为解除保险可靠度；R2 为发火控制可靠度；R3 为输出爆炸冲量可靠度。

4. 数据与评估

X 引信在研制过程中的定型和鉴定会进行较大样本量的试验，可用经典方法评估其可靠性。根据生产规范的要求，在生产过程中出现转产、工艺或原材料改变、发生重大质量问题等情况时，须重新进行鉴定试验。生产阶段鉴定试验的样本量为 6～8 发，此时，经典可靠性评估方法已不再适用。本节利用 X 引信在生产阶段鉴定试验的靶试数据和模拟试验数据，评估引信的可靠性。

在鉴定试验中，配用 X 引信的末制导炮弹靶试 8 发，引信全部正常作用。模拟试验的数据（延期管作用时间、隔爆机构、活激体的数据来自元件检测）见表 5－8。

表 5-8 试验数据

可靠度	模拟试验项目或结构	试验数	成功数	失败数	说明
R11	后坐解除保险试验	32	32	0	延期管作用时间试验 16 发，全部合格。作用时间均值 1224（ms）；方差 204
R12	电解除保险试验	32	32	0	元件检测数据，基于保守的考虑实际使用时取为（32，32，0）
R13	隔爆机构	80	80	0	—
R21	模拟发火试验	16	16	0	元件检测数据，基于保守的考虑实际使用时取为（16，16，0）
R22	模拟发火试验	16	16	0	—
R23	活激体	80	80	0	—
R31	起爆完全性试验	16	16	0	—
R32	起爆完全性试验和延期作用时间测试（延期作用时间 10~35ms）	—	—	—	常温下延期时间为 16.6ms、20.2ms、18.9ms、22.5ms、26.1ms、28.7ms；高温下延期时间为 15.3ms、18.8ms、21.4ms、13.5ms、19.2ms；低温下延期时间为 23.3ms、18.7ms、24.5ms、28.9ms、26.2ms

引信可靠性评估步骤如下：

（1）用环境因子将不同环境下的试验数据折合为同一种环境下的试验数据。

将高、低温试验数据折合到常温的试验数据。高温到常温：环境因子 $k = 1.46$，$b = -3.7$。低温到常温：环境因子 $k = 1.0099$，$b = -3.27$。双边可靠度点估计 0.9867，置信下限为 0.961（置信水平为 0.9）。

（2）连续型数据折合为成败型数据：

①R32：折合为二项试验数据 $(n_{32}, s_{32}, f_{32}) = (120.6, 119, 1.6)$；

②R11：折合为二项试验数据 $(n_{11}, s_{11}, f_{11}) = (503.5, 500, 3.5)$。

（3）用 CMSR 方法计算引信的虚拟系统试验数据。

①对于 R2 对应的并联系统（R22、R23 并），由定理 5.2，$1-\alpha = 0.9$，$R_L^{(2)} = 0.99518$，这相当于 R2 子系统的无失效试验数据 $(n_2, s_2, f_2) = (476, 476, 0)$。

②压缩所有的“0 失效”数据。再重新排列得到（503.5，500，3.5）、（120.6，119，1.6）、（32，32，0）。

③用 CMSR 方法计算引信的虚拟系统试验数据（47.95，46.98，0.97）。

(4) 计算继承因子。检验统计量 $K = 1.1279 < 1.6424 = \chi^{1}_{0.8}(1)$,拟合优度 $Q = 0.2882$,继承因子 $\rho = 0.5368$。

(5) 贝叶斯方法得 $R_L = 0.9458\ (1-\alpha=0.9)$。

评估结果表明：X 引信的可靠性水平达到了指标要求（$1-\alpha=0.9$，$R\geqslant 0.94$）。

目前，配用 X 引信的制导炮弹已批量生产并交付使用。收集使用中的靶试数据 80 发，其中，79 发正常作用，1 发瞎火（经分解后证实为引信装配错误）。采用中的靶试数据，由经典方法可知，该引信可靠度的置信下限 $R_L = 0.9522(1-\alpha=0.9)$。这表明，本书所提出的引信可靠性评估方法是适用的。

5. 分析对比

在得到虚拟系统试验数据（47.95，46.98，0.97）后，结合全弹的靶试数据（8，8，0），可采用多种方法评估引信的可靠性。本书采用了使用混合贝塔分布的贝叶斯方法。采用三种方法进行评估：

方法一：将虚拟系统试验数据与靶试数据对应相加得到 $R_L=0.933\ (1-\alpha=0.9)$。

方法二：使用混合先验的贝叶斯方法得到 $R_L=0.9458\ (1-\alpha=0.9)$。

方法三：直接用虚拟系统试验数据为先验信息的贝叶斯方法得到 $R_L=0.9599\ (1-\alpha=0.9)$。

可以看出，三种方法的评估结果间的差异并不大。但是，当虚拟系统试验数据的量增加，靶试结果变坏时，三种方法的评估结果的差异变得比较明显。例如，虚拟系统试验数据为（100，99，1），当靶试结果分别出现 1 发失效和 2 发失效时，上述三种方法的评估结果见表 5-9。

表 5-9 评估方法对比（$1-\alpha=0.9$）

先验（100，99，1）	方法一	方法二	方法三
靶试（8，7，1）	0.9515	0.7	0.9641
靶试（8，6，2）	0.9392	0.5099	0.9510

如果不使用虚拟系统试验数据，仅用靶试数据评估引信的可靠性，则有：

(1) 靶试数据（8，7，1）：

经典方法，$R_L = 0.5938$；

贝叶斯方法，取无信息先验（1，1），$R_L = 0.6316$；

贝叶斯方法，取无信息先验（1/2，1/2），$R_L = 0.6676$。

(2) 靶试数据（8，6，2）：

经典方法，$R_L = 0.5938$；

贝叶斯方法，取无信息先验（1，1），$R_L = 0.5099$；

贝叶斯方法，取无信息先验（1/2，1/2），$R_L = 0.5256$。

通过对比上述数据可见：使用方法一或方法二都容易出现虚拟系统试验数据淹没靶试数据的问题。而使用混合先验的贝叶斯方法，是利用虚拟系统试验数据对靶试数据的评估结果做有限的调整，所以更适合引信的可靠性评估。

事实上，当靶试出现8发中有2发失效时，已经完全可以判定引信达不到可靠性指标要求（$1-\alpha=0.9, R \geqslant 0.94$）。此时，虚拟系统试验数据与靶试数据的一致性检验不能通过。显然，使用虚拟系统试验数据是不合理的。出现这种情况有很多原因，靠单纯的数据分析是不能解决的，应更多地从工程问题本身进行分析。可能的原因是：靶试环境的某些情况在模拟试验中不具备试验条件或被忽略，使得产品的某些缺陷在模拟试验中未能被发现，而在靶试中暴露出来。

5.3.2 某型制导炮弹小子样可靠性评估

本节以国外某末制导弹药（简称X末制导导弹）为对象，分析其可靠性指标和可靠性结构，建立失效树并进行失效分析，应用本书的评估方法，分别给出在正样试验和鉴定试验中X末制导弹药的可靠性评定方法，并制定产品的批验收抽样方案。

1. 弹药系统分析

1）可靠性指标

战术技术要求中对X末制导弹药的可靠性指标：命中概率为0.9；作用可靠度为0.9。命中概率是指弹药工作无故障（保证完成可靠发射和可靠飞行）和弹丸光电接收器能正确无误地接收目标反射的激光信号这两个前提条件下制导系统应保证弹丸命中目标的概率。作用可靠性是指在规定的射击条件下和规定时间内制导弹药可靠发射、飞行和毁伤目标的概率，即末制导弹药各组成部分的工作均无故障的情况下引信战斗部对目标的作用可靠性。X末制导弹药命中目标并正常作用的综合可靠度为0.81。

上述可靠性指标来自X末制导导弹的技术文件，这一指标难以在可靠性评定中使用，其主要原因是没有明确给出置信水平。本书根据装备的生产和使用等方面的实际情况，将可靠性指标理解为置信下限，作用可靠性和命中概率的置信水平都取$1-\alpha=0.95$，而综合可靠性的置信水平取$1-\alpha=0.9$。

按照目前X末制导导弹的试验验收规范中的要求，鉴定试验和验收试验中只考核作用可靠性，而在初样和正样试验中不作可靠性评定的要求，本书尝试对正样试验进行了综合可靠性的评定。

2）结构

X 末制导导弹结构如图 5－14 所示。

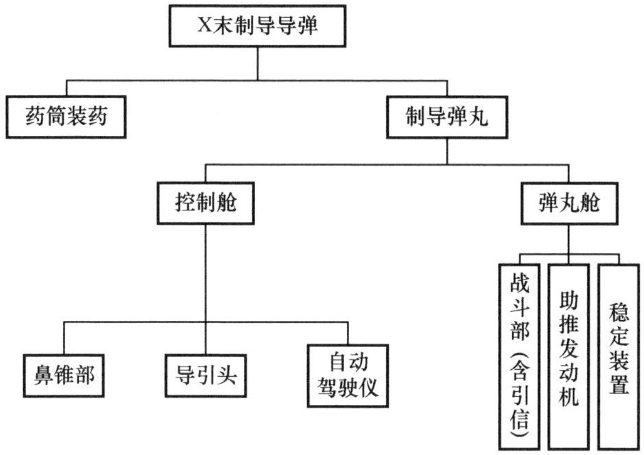

图 5－14　X 末制导导弹结构

（1）药筒装药。药筒装药由底火、发射装药和药筒组成。作用是底火受到击发后发火并点燃发射装药。发射装药燃烧后，燃烧气体助推发动机的燃发式延期点火具点燃；同时燃气压力推动弹丸加速运动。鼻锥部的待发程控装置在后坐力作用下使钟表释放机构解脱，待发程控装置开始启动、计时。

（2）制导弹丸。

制导弹丸由控制舱和弹丸舱两部分组成。

控制舱由鼻锥部、导引头和自动驾驶仪组成。

弹丸舱由战斗部（含引信）、助推发动机、稳定装置等组成。

战斗部（含引信）的作用：当击中目标时，引信按预定的作用方式起爆战斗部，战斗部接收到引信起爆信号时爆炸，摧毁预定目标。

3）失效树分析

根据 X 末制导导弹的构造建立以第四级部件为底事件的失效树（图 5－15），以便分析各级部件的失效概率及其易导致失效的薄弱环节。

由 X 末制导导弹的构造组成及工作时序，可以假定各失效事件是相互独立的，各失效事件发生的概率表示如下：

系统失效概率为

$$P(A) = P(B) + P(C) - P(B)P(C) \tag{5-24}$$

药筒装药失效概率为

$$\begin{aligned}P(B) = {} & P(B1) + P(B2) + P(B3) - P(B1)P(B2) - \\ & P(B2)P(B3) - P(B1)P(B3) + P(B1)P(B2)P(B3)\end{aligned} \tag{5-25}$$

弹丸失效概率为

$$P(C)=P(D)+P(E)-P(C)P(D) \tag{5-26}$$

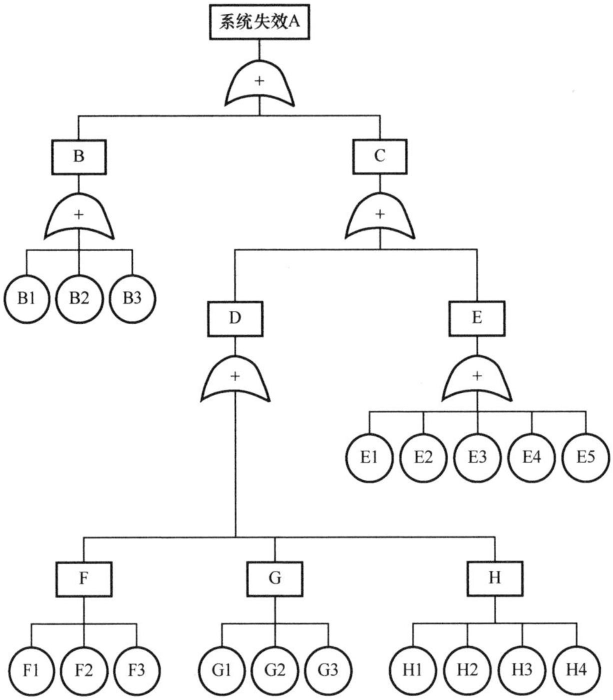

图 5-15　X 末制导导弹的失效树

A—制导弹丸系统失效；B—药筒装药失效；B1—底火失效；B2—发射装药失效；
B3—药筒失效；C—制导弹丸失效；D—控制舱失效；F—鼻锥部失效；F1—待发程控装置失效；
F2—延时装置失效；F3—分离装置失效；G—导引头失效；G1—位标器失效；
G2—光电探测器失效；G3—电子舱失效；H—自动驾驶仪失效；H1—惯性陀螺仪失效；
H2—电源装置失效；H3—电子部件失效；H4—驱动装置失效；E—弹丸舱失效；E1—引信失效；
E2—战斗部失效；E3—助推发动机失效；E4—尾翼稳定器失效；E5—闭气弹带与支盘失效。

控制舱失效概率为

$$\begin{aligned}P(D)=&P(F)+P(G)+P(H)-P(F)P(G)-\\&P(G)P(H)-P(F)P(H)+P(F)P(G)P(H)\end{aligned} \tag{5-27}$$

鼻锥部失效概率为

$$\begin{aligned}P(F)=&P(F1)+P(F2)+P(F3)-P(F1)P(F2)-\\&P(F2)P(F3)-P(F1)P(F3)+P(F1)P(F2)P(F3)\end{aligned} \tag{5-28}$$

导引头失效概率为

$$\begin{aligned}P(G)=&P(G1)+P(G2)+P(G3)-P(G1)P(G2)-\\&P(G2)P(G3)-P(G1)P(G3)+P(G1)P(G2)P(G3)\end{aligned} \tag{5-29}$$

自动驾驶仪失效概率为

$$P(\mathrm{H})=\sum_{i=1}^{4}P(\mathrm{H}_i)-\sum_{\substack{i=1,j=1\\i\neq j}}^{4}P(\mathrm{H}_i)P(\mathrm{H}_j)+\sum_{\substack{i=1,j=1,k=1\\i\neq j\neq k}}^{4}P(\mathrm{H}_i)P(\mathrm{H}_j)P(\mathrm{H}_k)-\prod_{i=1}^{4}P(\mathrm{H}_i) \tag{5-30}$$

弹丸舱失效概率为

$$P(\mathrm{E})=\sum_{i=1}^{5}P(\mathrm{E}_i)-\sum_{\substack{i=1,j=1\\i\neq j}}^{5}P(\mathrm{E}_i)P(\mathrm{E}_j)+\sum_{\substack{i=1,j=1,k=1\\i\neq j\neq k}}^{5}P(\mathrm{E}_i)P(\mathrm{E}_j)P(\mathrm{E}_k)-\sum_{\substack{i=1,j=1\\k=1,m=1\\i\neq j\neq k\neq m}}P(\mathrm{E}_i)P(\mathrm{E}_j)P(\mathrm{E}_k)P(\mathrm{E}_m)+\prod_{i=1}^{5}P(\mathrm{E}_i) \tag{5-31}$$

各底事件的失效概率需要通过对相应部件的试验、检测数据进行整理、融合、计算得到。

4）可靠性框图

由 X 末制导导弹的构造、工作时序以及失效分析可知，全弹的可靠性结构为串联。根据各部件的试验项目和试验量，确定系统的多级可靠性结构如图 5－16所示。系统分解的原则：同级的各单元均可单独试验且有试验数据，

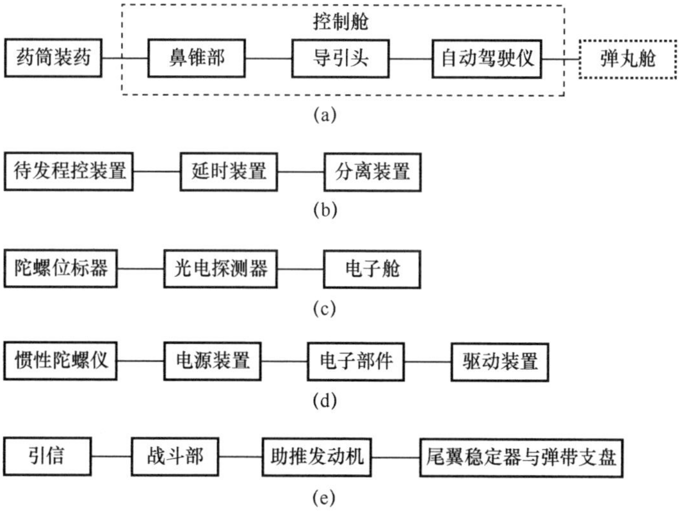

图 5－16 X 末制导导弹的可靠性结构

(a) 系统结构；(b) 鼻锥部结构；(c) 导引头结构；(d) 自动驾驶仪结构；(e) 弹丸舱结构。

注：虚线边框表示该部件（或子系统）不能单独试验。

若某单元的试验量不足，则将其进一步分解到下一级。例如：控制舱不能单独试验，而其下一级单元，即鼻锥部、导引头、自动驾驶仪是可以单独试验的，所以在系统的可靠性结构中没有控制舱，而用鼻锥部、导引头、自动驾驶仪的串联结构取代它。另外，鼻锥部、导引头、自动驾驶仪以及弹丸舱的试验量都较少，所以将它们进一步分解，以便使用可靠性多级综合对系统可靠性进行评定。

2. **正样试验的可靠性评定**

正样试验的目的是校核装备的各项技战术指标是否达到设计要求。一般情况下，在正样试验之前，至少已经过初样试验。

在正样试验阶段进行可靠性评定的意义在于：验证产品设计中关于可靠性结构设计、可靠性指标分配以及可靠性预计的合理性；了解产品已达到的可靠性水平，为鉴定试验方案的制定提供依据。本书中正样试验阶段的可靠性是指X末制导导弹的综合可靠性。

1）数据

靶试数据：共试验15发，1发失效。

说明：靶场试验分别在正常、高温和低温三种环境下进行。试验数据见表5-10。

表5-10　试验数据

试验环境	试验数	失败数
正常环境	5	0
高温环境	5	1
低温环境	5	0

由于装备的各种可靠性指标均指装备在正常环境下使用时的情形，所以需要将严酷环境（高温、低温）下的试验数据折合到正常环境。通常的方法是使用环境因子，从严酷环境折合到良好环境，应当取环境因子的置信下限 K_L,且 $K_L \geqslant 1$ 。但是，比较准确地确定 K_L ，需要的数据量较大，所以，选择最保守的处理方法。令 $K_L = 1$ ，即把试验数和失败数分别直接累加。

试验数据见表5-11。

表5-11　试验数据

信息来源	试验数	失败数
相似产品	82	1
初样试验	9	3

说明：对于X末制导导弹，到正样试验阶段，已掌握的先验信息来自相似产品（X弹是某型号末制导弹药的改进型号）的信息、初样试验的信息、单元（子系统）的试验信息三个方面。由于在正样试验阶段，存在产品设计缺陷的可能性仍然较大，如第2章所指出的，如果此时使用系统的可靠性综合方法，将单元（子系统）的试验信息折合为系统的试验数据进行可靠性评定，则评定结果冒进的可能性会大大增加。因此，在正样试验阶段的可靠性评定中，不使用单元（子系统）的试验信息。

2）评定方法及步骤

为综合利用先验信息，使用4.1.1节中提出的方法进行可靠性评定。

使用混合贝塔分布的贝叶斯方法的步骤如下：

（1）将相似产品和初样试验的数据分别与正样试验的数据排列成两个列联表，见表5－12和表5－13。

表5－12　列联表1

总体	成功数	失败数	总和/发
X	14	1	15
Y	81	1	82
和	95	2	97

表5－13　列联表2

总体	成功数	失败数	总和/发
X	14	1	15
Z	6	3	9
和	20	4	24

（2）由式（5－13）分别计算得到：$K_1 = 0.1421$，$K_2 = 1.28$。

若取检验的显著性水平 $\alpha = 0.30$，则 $\chi^2_{0.7}(1) = 1.07419$。

那么，$K_1 < \chi^2_{0.7}(1)$，而 $K_2 > \chi^2_{0.7}(1)$。此时，在使用混合贝塔分布的贝叶斯方法中只采用相似产品的试验数据作为先验信息。

（3）由式（5－14）计算得到 $Q(K_1) = P\{\chi^2_1 > K_1\} = 0.7061$。于是得到继承因子 $\rho_1 = Q^{1/2}(K_1) = 0.8404$。

（4）由式（5－18）和式（5－19）确定后验密度，由式（5－20）可得：在 $1 - \alpha = 0.9$ 时，$R_L = 0.9481$。

(5) 若取检验的显著性水平 $\alpha = 0.20$，则 $\chi^2_{0.8}(1) = 1.64275$。

那么，$K_1 < \chi^2_{0.8}(1)$，而 $K_2 < \chi^2_{0.8}(1)$。此时，在使用混合贝塔分布的贝叶斯方法中同时采用相似产品和初样试验的数据作为先验信息。

(6) ρ_1 的值仍为 0.8404，$\rho_2 = Q^{1/2}(K_2) = (0.257899)^{1/2} = 0.5078$。同样可得：在 $1-\alpha = 0.9$ 时，$R_L = 0.8100$。

3）评定结果分析

综上所述，各种不同条件下的可靠度下限见表 5－14。

表 5－14　可靠度下限（$1-\alpha = 0.9$）

$\alpha = 2\alpha'$	混合先验法
0.30	0.9481（表 5－12）
0.20	0.8100（表 5－13）

上述两种情况下的可靠性评定结果均表明：X 末制导导弹的可靠性水平已达到设计要求。评定结果 Ⅰ 只使用了相似产品的信息，该产品已经批量生产，质量水平趋于稳定，而 X 末制导导弹尚处于研制阶段，与其相似产品的情况不同，并且评定结果 Ⅰ 远高于 X 末制导导弹的可靠性指标的要求，采信这一评定结果将使后续阶段的可靠性评定冒进的可能性增加。评定结果 Ⅱ 综合利用了相似产品和初样试验的信息，检验的显著性水平 $\alpha = 0.20$ 也是比较合适的。虽然评定结果相对保守，但从下面的讨论可以看到，这一结果与工程技术人员和专家的认识相符合。

作为对比和参考，下面给出经典方法、Fiducial 方法以及采用无信息先验分布的贝叶斯方法的结果（$1-\alpha = 0.9$）。

经典方法和 Fiducial 方法的非随机化最优置信下限相同，由式（2－17）得 $R_{LC} = R_{LF} = 0.76443$。由第 2 章中的论述可知，这是常用的评定方法中评定结果最为保守的。

由第 4 章的方法，分别采用不同的无信息先验分布时，得到相应的贝叶斯可靠度下限，见表 5－15。

根据工程技术人员和专家的意见，X 末制导导弹的质量水平应该处于中等水平，即无信息先验分布应选择 Beta（1/2，1/2）（见 3.1 节），此时 $R_L^2 = 0.80894$，这与评定结果Ⅱ非常接近。

综合上述分析，对正样试验阶段 X 末制导导弹的可靠性评定，采纳表 5－15中评定结果 Ⅱ，即 $R_L = 0.8100$（$1-\alpha = 0.9$）。

表 5 – 15 采用无信息先验分布的可靠度下限（$1-\alpha=0.9$）

评定方法		可靠度下限
经典方法（Fiducial 方法的结果相同）		$R_{LC}=R_{LF}=0.76443$
无信息先验分布的贝叶斯方法	Beta（0，0）	$R_L^1=0.84434$
	Beta（1/2，1/2）	$R_L^2=0.80894$
	Beta（1，1）	$R_L^3=0.77783$
	[Beta（0，0）+Beta（1/2，1/2）]/2	$R_L^4=0.82314$
	[Beta（1/2，1/2）+Beta（1，1）]/2	$R_L^5=0.79315$

3. 鉴定试验的可靠性评定

鉴定试验是为了确定产品与设计要求的一致性，由订购方用有代表性的产品在规定的条件下所做的试验，并以此作为批准定型的依据。

在鉴定试验阶段进行可靠性评定的意义在于：了解产品（系统）的可靠性水平，检验产品是否达到了可靠性要求，并为批验收试验方案的制定提供依据。对于 X 末制导导弹，正样试验中仅考核作用可靠性。

1）数据

靶试数据：共试验 24 发，1 发失效。

说明：靶场试验分别在正常、高温和低温三种环境下进行。试验数据见表 5 – 16。

表 5 – 16 试验数据

试验环境	试验数	失败数
正常环境	8	0
高温环境	8	1
低温环境	8	0

对不同条件下的试验数据，采取与初样试验相同的处理方法，将试验数和失败数分别直接累加。

在鉴定试验阶段可供使用的先验信息包括相似产品信息、初样试验信息、正样试验信息、单元（子系统）的试验信息。

对于 X 末制导导弹，通过正样试验的验证和可靠性评定，可以认定其结构、功能、性能参数等方面的设计是合理的，即产品已不存在协调可靠性问题。另外，在正样试验之后，产品基本没有改变。这表明，正样试验和单元

（子系统）试验提供的信息与鉴定试验的总体最为接近。所以在鉴定试验阶段仅使用正样试验和单元（子系统）试验的数据作为先验信息。

2）评定方法及步骤

分别使用混合贝塔分布的贝叶斯方法和收缩估计改进的虚拟系统法进行可靠性评定，并分析对比两种方法得到的评定结果。其步骤如下：

（1）由于正样试验和鉴定试验是在相同环境下进行的，且从正样试验到鉴定试验产品未经改动，所以将二者的数据直接累加作为现场试验数据，即试验数 $n = 24 + 15 = 39$，成功数 $s = 23 + 14 = 37$，失败数 $f = 1 + 1 = 2$。应当注意的是，在其它问题中，若从正样到鉴定试验产品经过了较大的改进，则不能将二者的数据直接累加。

（2）根据X末制导导弹的可靠性框图（图5-16），将单元（子系统）的试验数据用可靠性系统综合的方法折合成全弹的试验数据，统计或计算各单元的试验数据见表5-17。

表5-17　试验数据

试验部件 / 试验统计	药筒装药	鼻锥部	导引头	自动驾驶仪	弹丸舱
试验数	24	24	24	128.15746	60.62969
失败数	0	0	0	1.52837	0.16587

注：①由于鉴定试验不考核命中概率，所以表中只统计导引头和自动驾驶仪的部分试验检测项目的数据。

②在表中，对可以独立试验且数据量较大的单元直接使用其试验数据；对不能单独试验或数据量较小的单元，则进一步的将其下一层单元的试验数据折合为该单元的数据。

③在地面试验中，对于每个单元，根据其工作任务要相应地进行多种试验。对该单元进行可靠性评定时，将各种地面试验的结果按一定的可靠性关系进行综合。若出现多种分布类型时，按本书的评估方法，还需要将其他分布类型的数据折合为成败型数据。这里以引信为例说明可靠性综合以及数据折合的计算过程，其他单元类似。引信的各项功能和性能指标可以视为串联关系，在其相应的各种地面试验中，第一保险的解除保险距离服从带双侧公差的正态分布，试验量 $n = 60$，由相关文献关于带双侧公差的正态分布的可靠度的计算方法得到其可靠度的点估计 $\hat{R} = 0.99388$，置信水平 $1 - \alpha = 0.95$ 时的可靠度下限 $R_L = 0.98133$。将其折合为成败型数据：$n_1 = 343, s_1 = 340.9, f_1 = 2.1$。其他试验均为成败型且均为“0失效”，按照定理5.1，将所有“0失效”的单元压缩为试验量最小的单元的试验数据 $n_2 = s_2 = 60$。再用CMSR方法将 (n_1, s_1)、(n_2, s_2) 折合为引信的试验数据 $(n_{引信}, s_{引信}) = (60.36961, 60)$

由表5－17中的数据，用CMSR方法得到折合的系统试验数据 $(n',s')=(65.31513,64.43869)$，系统可靠度的点估计 $\hat{R}_S=0.98658$，置信水平 $1-\alpha=0.95$ 时的可靠度下限 $R_{SL}=0.93238$。

计算可靠度下限时采用两种方法：

（1）使用混合贝塔分布的贝叶斯方法。

由式（5－13）计算得到：$K=0.27533$。

若取检验的显著性水平 $\alpha=0.20$，则 $\chi^2_{0.8}(1)=1.64275$，那么，$K<\chi^2_{0.8}(1)$。

由式（5－14）计算得到：$Q(K)=P\{\chi^2_1>K\}=0.59974$。

于是，得到继承因子：$\rho=Q^{1/2}(K)=0.77443$。

再由式（5－18）和式（5－19）确定后验分布，可得在 $1-\alpha=0.95$ 时，$R_{BL}=0.92691$。

（2）用收缩估计改进的虚拟系统法。

将用CMSR方法得到的折合的系统可靠度的点估计 $\hat{R}_S=0.98658$ 作为可靠度的先验信息，而 $(n,s)=(39,37)$ 作为现场试验数据，由式（4－27）～式（4－29）得到检验的接受域 $[d_1,d_2]=[36.42716,38.91531]$，检验的显著水平 $\alpha=0.10$。

由式（4－24）得到收缩系数 $k=0.70889$。

由式（4－22）得到经过收缩的系统可靠度的点估计 $P=0.95974$，将其代入式（4－32）得到虚拟的系统数据 $(s^*,f^*)=(234.43467,9.83467)$。

由式（4－34）得到用收缩估计改进的虚拟系统法的可靠度下限：在 $1-\alpha=0.95$ 时，$R_{CL}=0.93297$。

3）评定结果分析

从上述计算可知，在 $1-\alpha=0.95$ 时：使用混合贝塔分布的贝叶斯方法得到的可靠度下限 $R_{BL}=0.92691$；用收缩估计改进的虚拟系统法得到的可靠度下限 $R_{CL}=0.93297$。

作为对比和参考，考虑不经过信息融合，而直接使用CMSR方法得到的折合的系统试验数据为 (n',s')：以 (n',s') 为先验信息，由贝叶斯方法得到可靠度下限 $\tilde{R}_{BL}=0.942057$；将 (n',s') 与现场试验数据直接累加，由经典方法得到可靠度下限 $\tilde{R}_{CL}=0.92898$。

上述情况的可靠性评定结果表明：X末制导导弹的作用可靠性水平已达到

设计要求。在以上四种结果中：直接以 CMSR 方法得到的折合的系统试验数据为 (n',s') 为先验信息时的 $\tilde{R}_{BL}$ 最高；而使用混合贝塔分布的贝叶斯方法得到的 R_{BL} 相对最为保守。由于 (n',s') 与现场试验数据 (n,s) 很接近，从而使得继承因子和收缩系数都较大，四种评定结果比较接近，基于保守的考虑，对鉴定试验阶段 X 末制导导弹的可靠性评定，采纳 $R_{BL}=0.92691(1-\alpha=0.95)$。

5.3.3 某型制导火箭弹近炸引信小子样试验方案研究

1. 产品概况

引信为近炸/触发双模引信，且有自毁功能。引信通过装定控制器实现作用模式选择：当装定为近炸作用时，近炸发火，触发发火和自毁为后备；当装定为触发作用时，触发发火，自毁为后备。

2. 产品组成

引信由发火控制组件和安全执行机构组成。其中：发火控制组件位于弹药头部；安全执行机构位于战斗部前端。发火控制组件的近炸起爆信号穿过制导舱通过电缆实现对安全执行机构信号传输。发火控制组件总体结构由风帽、探测器、信号处理器、装定控制器等组成。

3. 可靠性指标要求

综合作用可靠度：置信水平为 0.9 时，置信下限为 0.95。

失效判据：引信在规定的目标效应区域发火即判定为成功作用，否则判定为失效。

当装定为近炸作用时，近炸发火或触发发火均视为成功作用；当装定为触发作用时，触发发火或自毁均视为成功作用。

4. 功能分解

根据工作时序和构成，引信的功能分解及其与各组成单元的对应关系见表 5－18。

5. 可靠性模型

根据功能分解及其与各组成单元的对应关系，建立可靠性模型。近炸可靠性框图如图 5－17 所示，触发可靠性框图如图 5－18 所示。

表 5－18　功能分解

功能		组件、机构	备注
成功作用	装定	装定控制器（电子装定控制器）	双路冗余
	机械保险与解除保险	安全执行机构（机械惯性保险）	
	电保险与解除保险	安全执行机构（作动器）	
	隔爆与解除隔爆	安全执行机构（隔爆机构）	
	为触发充电	安全执行机构（发火电路）	
	为近炸供电、控制	装定控制器（电源整理器）	—
	允许起爆	装定控制器（电子装定控制器）	—
	目标探测	发火控制组件（12mm 波探测器）	双路交联冗余
		发火控制组件（处理器）	
	近炸起爆信号输出	发火控制组件（执行级）	
	触发/自毁起爆信号输出	安全执行机构（发火电路）	双路冗余
	起爆	安全执行机构（电雷管、导爆管）	
	传爆	安全执行机构（传爆管）	—

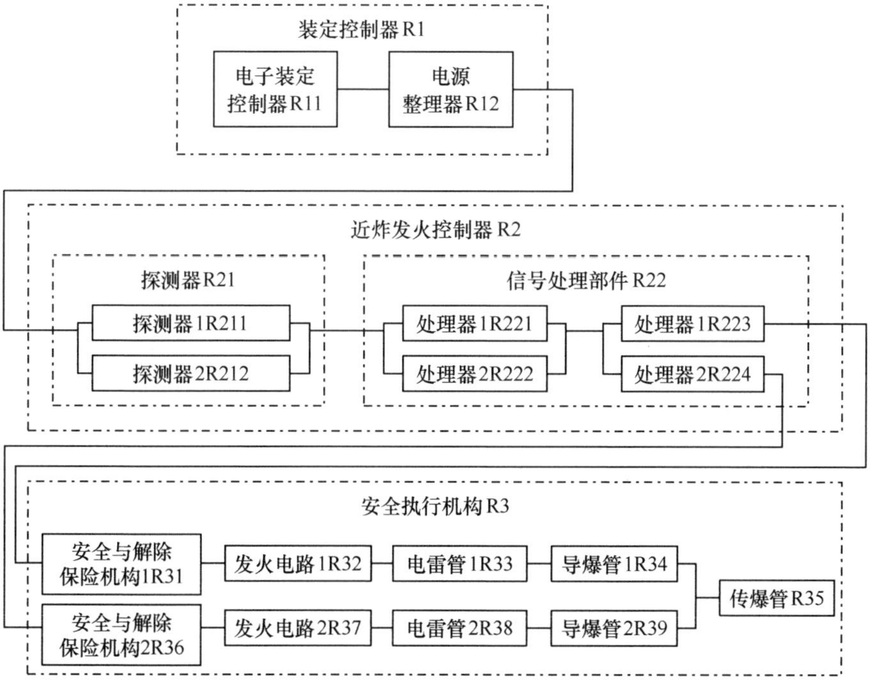

图 5－17　近炸可靠性框图

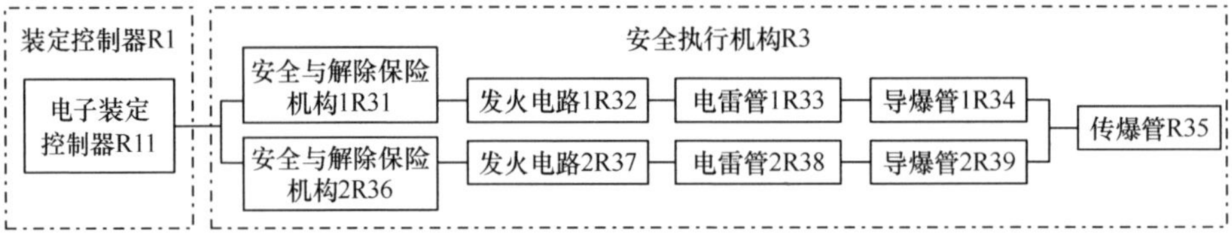

图 5-18 触发可靠性框图

依据可靠性框图建立引信作用可靠性模型：

$$R_{近炸} = R1 \cdot R2 \cdot R3 = (R11 \cdot R12) \cdot (1 - R211 - R212 + R211 \cdot R212) \cdot (1 - R221 - R222 + R221 \cdot R222) \cdot (1 - R223 \cdot R31 \cdot R32 \cdot R33 \cdot R34 - R224 \cdot R36 \cdot R37 \cdot R38 \cdot R39 + R223 \cdot R31 \cdot R32 \cdot R33 \cdot R34 \cdot R224 \cdot R36 \cdot R37 \cdot R38 \cdot R39) \cdot R35$$

$$R_{触发} = R1 \cdot R3 = R11 \cdot (1 - R31 \cdot R32 \cdot R33 \cdot R34 - R36 \cdot R37 \cdot R38 \cdot R39 + R31 \cdot R32 \cdot R33 \cdot R34 \cdot R36 \cdot R37 \cdot R38 \cdot R39) \cdot R35$$

6. 试验项目

1）单元模块测试及试验项目

（1）单元模块测试。

①探测器测试项目：

a. 工作电压、电流测试；

b. 基于目标模拟器的探测性能测试；

c. 双路工作频率、占用带宽测试；

d. 输出功率测试。

②信号处理器测试项目：

a. 工作电压、电流测试；

b. 起爆策略输出控制测试。

③装定控制器测试项目

a. 工作电压、电流测试；

b. 装定、查询功能测试；

c. 电源整理输出测试。

④安全执行机构发火电路模块测试项目：

a. 开关电路输出发火电压检测；

b. 自毁电路输出发火电压及自毁时间检测；

c. 开关检测功能检测。

（2）单元模块试验项目。

①常温工作试验；

②低温工作试验；

③高温工作试验；

④温度循环试验。

2）发火控制组件（整机）地面试验性能测试及试验项目

（1）发火控制组件（整机）地面试验性能测试。

①装定/查询功能测试。

利用便携式装定仪通过测试电缆连接产品和装定仪后进行测试：

a. 装定为近炸作用方式时：工作电压为 $A \sim B$V，电流≤CmA；通过串口返回的查询数据结果应与装定的数据一致。

b. 装定为触发作用方式时：工作电压为 $A \sim B$V，电流≤DmA；且通过串口返回的串口数据，查询的数据结果应与装定的数据一致。

②双路工作频率/占用带宽测试。

③启动特性测试。

利用目标模拟器，模拟引信在正常工作流程时基于不同落速、落角和典型地面目标情况下弹目高度的启动特性以及弹目高度时地面强反射目标不启动特性。

a. 弹目高度典型目标启动特性测试：分别加载指定频率的情况下，测试系统能否正常启动。

b. 弹目高度强目标不启动特性测试：分别加载指定频率的情况下，测试系统能否不启动。

（2）发火控制组件（整机）地面试验项目。

发火控制组件（整机）地面试验项目包括如下 12 项：

①常温工作试验；

②低温工作试验；

③高温工作试验；

④低温贮存试验；

⑤高温贮存试验；

⑥温度循环试验；

⑦湿热试验；

⑧盐雾试验；

⑨运输振动试验；

⑩运输冲击试验；

⑪飞行振动试验；

⑫发射冲击试验。

3）安全执行机构地面模拟试验项目

通过地面模拟试验考核引信安全执行机构的性能，项目包括：

（1）双环境力解除。

（2）惯性开关阈值考核。

（3）触发发火功能考核。

（4）自毁功能考核。

4）炮射模拟弹飞行试验

（1）常温工作对地近炸性能考核。

（2）低温工作对地近炸性能考核。

（3）高温工作对地近炸性能考核。

5）火箭模拟弹飞行试验

（1）常温工作对地近炸性能考核。

（2）低温工作对地近炸性能考核。

（3）高温工作对地近炸性能考核。

7. 数据采信范围分析

根据引信可靠性小子样可靠性评估方法，评估中采样的数据来源于引信随全弹靶射试验数据和引信模拟试验（飞行模拟试验和地面模拟试验）数据。其中要求，综合各项模拟试验能覆盖引信作用的全流程和全功能，且试验条件等效或接近全弹飞行试验。

1）数据采信范围

根据引信功能分解、可靠性模型和试验项目确定引信可靠性评估中的数据来源，见表 5－19。

表 5－19　数据来源

<table>
<tr><th>功能</th><th colspan="2">组件、机构</th><th>模拟试验</th></tr>
<tr><td>装定</td><td>电子装定控制器</td><td rowspan="3">装定控制器</td><td rowspan="3">单元测试（装定控制器测试且环境试验合格）；火箭弹飞行试验</td></tr>
<tr><td>允许起爆</td><td>电子装定控制器</td></tr>
<tr><td>为近炸供电、控制</td><td>电源整理器</td></tr>
<tr><td>机械保险与解除保险</td><td>机械惯性保险</td><td rowspan="7">安全执行机构</td><td rowspan="7">安全执行机构地面模拟试验（不含传爆）；传爆管检测、试验</td></tr>
<tr><td>电保险与解除保险</td><td>作动器</td></tr>
<tr><td>隔爆与解除隔爆</td><td>隔爆机构</td></tr>
<tr><td>为触发充电</td><td>发火电路</td></tr>
<tr><td>触发/自毁起爆信号输出</td><td>发火电路</td></tr>
<tr><td>起爆</td><td>电雷管、导爆管</td></tr>
<tr><td>传爆</td><td>传爆管</td></tr>
<tr><td rowspan="2">目标探测</td><td>波探测器</td><td rowspan="3">发火控制组件</td><td rowspan="3">发火控制组件（整机）地面试验性能测试；火箭弹飞行试验</td></tr>
<tr><td>处理器</td></tr>
<tr><td>近炸起爆信号输出</td><td>执行级</td></tr>
</table>

2）模拟试验有效性分析

（1）发火控制组件地面模拟试验有效性分析。

通过性能测试和环境试验模拟实际使用环境中发火控制组件的工作性能。该试验中比较重要的测试方法是，利用目标模拟器模拟引信在正常工作流程时，基于不同落速、落角和典型地面目标情况下弹目高度1的启动特性以及弹目高度2时地面强反射目标不启动特性。

①通过对发火控制组件加电时序的自动控制，模拟弹道过程中的引信供电以及允许起爆信号发出时序要求。

②通过加载不同的多普勒频率信号，模拟试验火箭弹最小落速、最小落角，150°最小落速、最小落角，150°最大落速、最大落角情况下的弹目交会时的速度、落角适应性考核。

③通过调用弹目高度1典型目标启动特性测试程序和弹目高度2目标不启动特性测试程序测试，实现引信炸高控制能力考核。

④探测器用目标模拟器与引信用目标模拟器的主要区别是供电电压以及目标模拟器合格判决信号特征不同。

因此，发火控制组件地面模拟试验方法对模拟该组件在真实使用环境中完成目标探测和正确输出近炸起爆信号的功能是有效的。

（2）火箭弹飞行试验有效性分析。

装定控制器和近炸发火控制器完全相同，安全执行机构有适应性改装。火箭弹试验对于考核装定控制器和近炸发火控制器的可靠性有效，但对安全执行机构考核的有效性尚需进一步研究。因此，完全采信火箭弹试验中装定控制器和近炸发火控制器的试验数据，基于保守的考虑不采信火箭弹试验中安全执行机构的试验数据。

8. 试验方案的制定

根据引信可靠性小子样评估方法，基于全弹靶射试验38发或34发（备用4发），按照模拟试验“0失效”的假定，分别制定引信随全弹靶射“0失效”和“1失效”的可靠性试验方案。

0失效方案见表5－20。

表5－20 “0失效”方案

方案序号	引信靶验样本量/发	模拟试验样本量/发	可靠度下限（$1-\alpha=0.9$）
Ⅰ	38	12	0.9507
Ⅱ	37	14	0.9504
Ⅲ	36	16	0.9502
Ⅳ	35	19	0.9504
Ⅴ	34	22	0.9505
注：靶射试验“0失效”，模拟试验“0失效”			

"1 失效"方案见表 5－21。

表 5－21 "1 失效"方案

方案序号	引信靶试样本量/发	模拟试验样本量/发	可靠度下限（$1-\alpha=0.9$）
Ⅰ	38	36	0.9507
Ⅱ	37	37	0.9503
Ⅲ	36	38	0.95005
Ⅳ	35	39	0.9501
Ⅴ	34	40	0.95005
注：靶射试验"1 失效"，模拟试验"0 失效"			

若全弹靶射试验 38 发（或试验 34 发、备 4 发），相应的引信靶射样本量的可能取值为 38 发、37 发、36 发、35 发、34 发，则引信的试验方案应按样本量 38 发有 1 发失效的情况设计。引信靶射试验方案及评估结果见表 5－22。

表 5－22 引信靶射试验方案及评估结果

方案序号	引信靶射试验样本量	靶射试验"0 失效"时的可靠度下限（$1-\alpha=0.9$）	靶射试验"1 失效"时的可靠度下限（$1-\alpha=0.9$）
Ⅰ	38	0.9607	0.9529
Ⅱ	37	0.9600	0.9522
Ⅲ	36	0.9593	0.9515
Ⅳ	35	0.9586	0.9507
Ⅴ	34	0.9578	0.95005
注：模拟试验 40 发，"0 失效"			

引信的模拟试验数据中，包括飞行模拟试验（火箭弹飞行试验）数据和地面模拟试验数据。根据引信可靠性小子样评估方法，各个模拟试验数据项目的数据，按照对应的功能分解和可靠性模型，用可靠性系统综合法折合为引信的虚拟试验数据共 40 发有 0 发失效。采用其中包括 12 发的飞行模拟试验（火箭弹飞行试验）数据，其余采用研制过程中各组件、机构的技术状态固化之后，累积的随全弹靶射试验和地面模拟试验数据的数据。

5.4 基于风险分析的弹药引信小子样抽样方案研究

由于引信的验收试验是随全弹验收试验进行的，而全弹的可靠性要求低于引信，所以如果仅依据靶试数据对引信的可靠性水平做出判断，必然要承担较大的风险。由于诸多现实因素的制约，目前全弹的抽样方案中的样本量不能改变。为了在此样本量下使引信可靠性验收方案的风险降低到可接受水平，就需要其他信息的补充。由评估方法的研究可知，地面模拟试验与靶试具有很高的相关性，模拟试验数据可以作为靶试数据的补充。但基于经典统计学的抽样理论不支持现场样本以外的信息，因此，引入了贝叶斯风险的概念，并结合使用混合先验的贝叶斯方法进行风险分析。

5.4.1 基于风险分析的小子样可靠性抽样技术

取二项分布的共轭分布 $\mathrm{Beta}(a,b)$ 作为 R 的先验分布。若规定的合格质量水平 $R_0=1-\mathrm{PQL}$ 和极限质量水平 $R_1=1-\mathrm{CQL}$（$R_1<R_0$ 时，对应的鉴别比 $d=(1-R_1)/(1-R_0)$），在 (n,f_1) 时接收，(n,f_2) 时拒收。则生产方和使用方的最大后验风险为

$$\alpha=\max_{f\geqslant f_2}P\{R\geqslant R_0\mid f\}=P\{R\geqslant R_0\mid f_2\} \tag{5-32}$$

$$\beta=\max_{f\leqslant f_1}P\{R\leqslant R_1\mid f\}=P\{R\leqslant R_1\mid f_1\} \tag{5-33}$$

若采用模拟试验信息与飞行试验信息融合的方法，由地面模拟试验的数据确定了先验分布 $\mathrm{Beta}(a,b)$，对于 $(n,x_1=n-f_1)$ 和 $(n,x_2=n-f_2)$ 得到混合先验分别为

$$\pi_i(R)=\rho_i\mathrm{Beta}(a_i,b_i)+(1-\rho_i),i=1,2 \tag{5-34}$$

式中：$i=1$ 对应 $(n,x_1=n-f_1)$；$i=2$ 对应 $(n,x_2=n-f_2)$。

再分别计算后验密度 $\pi_\rho^{(1)}(R\mid x_1)$ 和 $\pi_\rho^{(2)}(R\mid x_2)$，则生产方和使用方的最大后验风险为

$$\alpha=\int_{R_0}^{1}\pi_\rho^{(2)}(R\mid x_2)\mathrm{d}R \tag{5-35}$$

$$\beta=\int_{0}^{R_1}\pi_\rho^{(1)}(R\mid x_1)\mathrm{d}R \tag{5-36}$$

下面以引信和弹为例进行抽样方案设计。

5.4.2 基于风险分析的某型引信验收试验可靠性抽样方案设计

某型引信可靠性验收试验现行抽样方案沿用传统的方法，只进行地面模拟试验，动态靶场试验结合全弹进行，不进行独立的飞行试验。引信的验收试验不能实现对可靠性的定量评估，抽样方案没有考虑双方的风险。为此，需要建立基于风险分析的末制导炮弹引信验收试验抽样方案和可靠性评估方法。根据有关国军标和同类弹药引信的检验验收规范，引信验收试验抽样方案中使用方

的风险一般控制在10%～20%。考虑到末制导炮弹引信的特殊性，其验收试验抽样方案的风险应控制在20%以内。

1. 基于动态飞行试验的某型引信可靠性抽样方案风险分析

根据某型引信的“制造与验收规范”，其提交验收批量为281～500发，现行批验收时，首先进行地面模拟试验，然后与全弹一起进行靶场飞行试验。因全弹批量不超过150发，一批引信要配用到2批或3批弹上。因此，对引信批验收的风险进行分析时，要综合引信地面模拟试验数据和全弹飞行试验数据，而全弹飞行试验数据可能为2批或3批的试验结果，并且全弹一批验收飞行试验数量可能为4发或8发，对应一批引信验收飞行试验数量可能为8发、12发、16发、20发或24发。表5－23列出了引信动态试验方案的实际风险。

表5－23　引信动态试验方案的实际风险

抽样方案	1	2	3	4	5
飞行试验结果	(8，0)	(12，0)	(16，0)	(20，0)	(24，0)
生产方风险	0.1429	0.2153	0.2762	0.3324	0.3842
使用方风险	0.6006	0.4659	0.3716	0.2901	0.2265

由表5－23可见，无论在何种样本量下做出判断，使用方的风险过大，最大超过60%，这是一个很难接受的风险水平。

2. 某型引信动静态试验数据融合的贝叶斯风险分析

由于末制导炮弹价格等诸多现实因素的制约，全弹的飞行试验抽样方案中的样本量不能改变。考虑到末制导炮弹引信地面模拟试验的项目和试验条件与飞行试验具有一定的相关性，为了在飞行试验样本量下使引信可靠性验收方案的风险降低到可接受的水平，可将模拟试验数据作为靶试数据的补充。因此，根据引信引信可靠性系统综合的混合贝叶斯评估方法的研究成果，引入了动静态试验数据融合的贝叶斯风险分析的概念，并结合使用混合先验的贝叶斯方法，进行高价值弹药引信的风险分析。使用混合贝塔分布的贝叶斯风险分析方法对某型引信作用可靠度为0.94时的风险进行计算，结果见表5－24。

表5－24　引信试验方案的贝叶斯风险

抽样方案	1	2	3	4	5
模拟试验折合为动态试验的结果	(13，0)	(13，0)	(13，0)	(13，0)	(13，0)
飞行试验结果	(8，0)	(12，0)	(16，0)	(20，0)	(24，0)
生产方风险	0.0235	0.0439	0.0655	0.0899	0.1181
使用方风险	0.3753	0.2553	0.1635	0.0997	0.0385

由表5－24可见，由于先验信息的引入，使双方风险都大大降低。其中：样本量为20发时的“0失效”方案最为理想；样本量为16发时的“0失效”方案以及样本量为24发时的“0失效”方案都可接受。但是，对于大量出现的样本量为8发或12发的情况下，使用方风险都大于20%。因此，需要对现行引信抽样方案进行修正。

3. 基于风险分析的某型引信动静态试验抽样方案的确定

引信动静态试验抽样方案修正方法可通过增加飞行试验样本量、增加模拟试验样本量或控制引信的配批来实现。由于末制导炮弹价格昂贵，通过增加全弹试验样本量的方法来考核引信的可靠性不太现实，为此，采用增加模拟试验样本量的方法。在引信模拟试验项目中，起爆完全性试验样本量最少，如果将它调整为16发，同样使用混合贝塔分布的贝叶斯风险分析方法对某型引信作用可靠性为0.94时的风险进行计算，结果见表5－25。

表5－25 引信试验方案的贝叶斯风险

抽样方案	1	2	3	4	5
模拟试验折合为动态试验的结果	(16，0)	(16，0)	(16，0)	(16，0)	(16，0)
飞行试验结果	(8，0)	(12，0)	(16，0)	(20，0)	(24，0)
生产方风险	0.0246	0.0455	0.0679	0.0946	0.1240
使用方风险	0.3223	0.1986	0.1225	0.0637	0.0089

由表5－25可见，样本量大于12发时的“0失效”方案可以满足使用方风险都小于20%的要求。但是，对于大量出现的样本量为8发的情况，通过抽样方案的配批进行修正。可调整其引信提交验收批量为360～500发，全弹批量为120～150发，则可控制一批引信要配用到3批弹上。这样，基于风险分析的引信可靠性评估可通过3批弹药的提交来实现。由此确定的基于风险分析的高价值弹药引信可靠性评估抽样方案见表5－26。

表5－26 引信试验方案的贝叶斯风险分析

抽样方案	1	2	3	4
模拟试验折合为动态试验的结果	(16，0)	(16，0)	(16，0)	(16，0)
飞行试验结果	(12，0)	(16，0)	(20，0)	(24，0)
生产方风险	0.0455	0.0679	0.0946	0.1240
使用方风险	0.1986	0.1225	0.0637	0.0089

5.4.3 基于风险分析的某型弹药验收试验可靠性抽样方案设计

验收试验是用已交付或可交付的产品在规定条件下所做的试验，目的是确定产品是否符合规定要求。

以5.3.2节中的弹为例，验收试验中仅考核其作用可靠性，试验为成败型，把成功率作为验收的可靠性指标，成功（或失败）数服从二项分布。使用方根据装备的使用目的和鉴定试验的可靠性评定结果，提出的接收要求为：在 $1-\alpha=0.9$ 时，$R_L=0.9$。

抽检方案是借鉴国外同类产品制定的一个记数二次抽样（4，4∣0，2；1，2）：首先试验4发，（4∣0）时接收该批，1发以上失败拒收该批。当为（4∣1）时再试验4发，后4发为（4∣0）时接收该批；否则，拒收该批。

需要解决的问题：执行上述抽样方案能否满足使用的验收要求；如果上述抽样方案不能满足使用的验收要求应如何改进该抽样方案。

1. 批抽样方案的分析

由于失败数服从二项分布，容易得到执行二次抽样方案（4，4∣0，2；1，2）时的抽样特性函数为

$$\begin{aligned} L_2(\theta) &= P\{f_1=0\mid\theta\}+P\{f_1=1\mid\theta\}\cdot P\{f_2=0\mid\theta\} \\ &= (1-\theta)^4[1+4\theta(1-\theta)^3] \\ &= -4\theta^8+28\theta^7-84\theta^6+140\theta^5-139\theta^4+80\theta^3-22\theta^2+1 \end{aligned} \tag{5-37}$$

式中：$\theta=1-R$。

图5-19给出了该二次抽样方案的OC曲线。

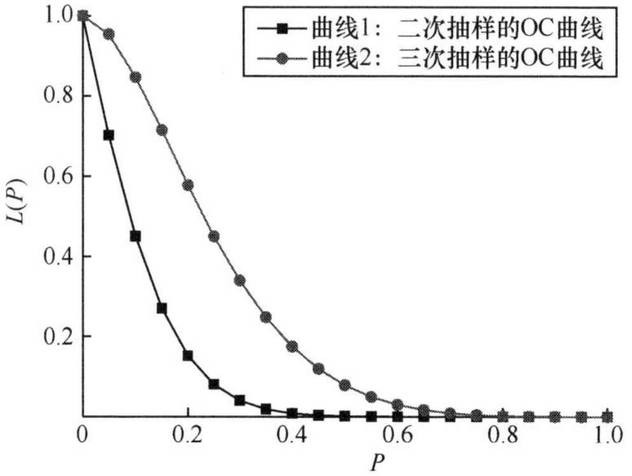

图5-19　二次抽样与三次抽样的OC曲线

有了 OC 函数，对于给定的使用方风险质量水平（CQL），可以计算出使用方风险 $\beta = L_2(\mathrm{CQL})$。由相关文献可知，在置信水平 $1-\beta$ 下，可靠性下限 $R_L = 1 - \mathrm{CQL}$。表 5 – 27 列出了 CQL 取不同值时的情况。

表 5 – 27　二次抽样方案（4，4 | 0，2；1，2）中的 $1-\beta$ 和 R_L

CQL	0.10	0.20	0.30	0.40	0.4707
$R_L = 1 - \mathrm{CQL}$	0.90	0.80	0.70	0.60	0.5293
$\beta = L_2(\mathrm{CQL})$	0.8474	0.5774	0.3389	0.1744	0.1000
$1-\beta$	0.1526	0.4226	0.6611	0.8256	0.9000

若生产方风险质量水平（PQL）分别为 0.1、0.05、0.03，则相应 α（生产方风险）分别为 0.1526、0.0458、0.0177，对于生产方来说这是可以接受的。从表 5 – 28 可以看到，$R_L = 0.9$ 的置信水平 $1-\beta = 0.1526$，而在置信水平 $1-\beta = 0.9$ 下的可靠度置信下限 $R_L = 0.5293$，这与使用方的要求相去甚远。可见，即使使用方可以做出一定的妥协，也难以找到合适的（CQL，β）。

2. 改进的批抽样方案

由于诸多现实因素的制约，目前 X 末制导导弹的抽样方案中，全弹的样本量是不能改变的。为了使可靠性验收方案合理可行，从两个方面考虑：①使用子系统的试验数据，通过系统综合的方法折合成全弹的试验数据；②利用前若干批的数据，使用贝叶斯方法。

1）利用子系统检验数据的批抽样方案

由图 5 – 16（a）可知，X 末制导导弹由 5 个子系统串联而成。生产过程中，在全弹组装之前，各子系统也要进行抽检试验，试验皆为成败型，样本量均为 6 发，且都要求“0 失效”。由定理 5.1 可知，等效的全弹试验数据 $(n,s) = (6,6)$，这相当于对全弹进行了三次抽样（6，4，4 | #，1；0，2；1，2）（“#”表示不做接收判定）。计算相应的 OC 函数：

$$\begin{aligned}L_3(\theta) &= P\{f_1 = 0 \mid \theta\} \cdot [P\{f_2 = 0 \mid \theta\} + P\{f_2 = 1 \mid \theta\} \cdot P\{f_3 = 0 \mid \theta\}] \\ &= P\{f_1 = 0\} \cdot L_2(\theta) = (1-\theta)^{10}[1 + 4\theta(1-\theta)^3] \\ &= -4\theta^{14} + 52\theta^{13} - 312\theta^{12} + 1144\theta^{11} - 2859\theta^{10} + 5138\theta^9 - 6819\theta^8 + \\ &\quad 6744\theta^7 - 4938\theta^6 + 2608\theta^5 - 934\theta^4 + 192\theta^3 - 7\theta^2 - 6\theta + 1\end{aligned} \tag{5-38}$$

OC 曲线如图 5 – 19 所示。

若 PQL 分别取 0.1、0.05、0.03，则 α 分别为 0.5496、0.2986、0.1818，但这并不是生产方的实际风险，因为第一次抽样是各子系统分别进行的，某一个子系统被拒收对其他子系统并不产生影响。实际的风险应小于三次抽样的风险，而稍大于二次抽样的风险。所以对于生产方来说也是可以接受的。表 5－28 列出了 CQL 取不同值时的置信度和可靠性下限。

表 5－28　二次抽样方案（6，4，4｜#，1；0，2；1，2）中的 $1-\beta$ 和 R_L

CQL	0.10	0.15	0.20	0.25	0.2331
$R_L=1-CQL$	0.90	0.85	0.80	0.75	0.7669
$\beta=L_3(CQL)$	0.4504	0.2694	0.1514	0.0801	0.1000
$1-\beta$	0.5496	0.7306	0.8486	0.9109	0.9000

与二次抽样相比，三次抽样的结果有显著的改善，但与使用方的要求仍然有一定的差距。如果使用方能降低要求，（CQL，β）＝（0.20，0.15）是合适的选择。不过，对于精确制导弹药这种高可靠性要求的产品来说，在 $1-\beta=0.85$ 下，$R_L=0.8$ 是很难接受的。

很自然的想法是增加第一次抽样的样本量，即各子系统中的最小试验数。通过计算可知，这需要 $\min\limits_{1\leqslant i\leqslant 5} n_i=18$，$f_i=0(i=1,\cdots,5)$，此时，经三次抽样后有 $1-\beta=0.8970$，$R_L=1-CQL=0.9$。这意味着，各子系统每批的近 1/5 要在验收试验中消耗掉，代价太大。

2）贝叶斯方法

对于 X 末制导导弹，生产工艺、材料和技术已经是确定的，所以批验收可以近似看作连续批的抽检。累计鉴定试验和第一批产品的全弹试验数据为：试验 28 发，其中 1 发失败。按验收要求：极限质量水平 $R_1=1-CQL=0.9$，若取鉴别比 $d=3$，则合格质量水平 $R_0=1-PQL\approx0.967$。

基于贝叶斯方案的抽样方案见表 5－29。

表 5－29　基于贝叶斯方法的抽样方案

(n,f)	(6①0)＋(4，0)	(6①0)＋(4，1)＋(4，0)	(6①0)＋(4，1)＋(4，1)
R_{BL}	0.9397	0.9064	0.8754
α	0.1222	0.1526	0.0456
β	0.0203	0.0739	0.2086

由表 5－29 可知，基于目前的历史数据并同时考虑子系统的试验数据，批验收方案（6，4，4｜#，1；0，2；1，2）可以满足使用方要求。

参考文献

[1] 肖刚．基于折合信息的固体火箭发动机可靠性综合评估［J］．西安交通大学学报，33（7）：33－36.

[2] 范大茵. 对成败型串联系统可靠性置信下限的“LP”排序法的改进 [J]. 浙江大学学报, 1986, 20 (1): 136-140.
[3] 盛骤, 范大茵. 成败型串联系统可靠性置信下限的近似解 [J]. 高校应用数学学报, 1987, 2 (1): 90-99.
[4] Abdel-wahid A R, Winterbottom A. The Approximation of System Reliability Posterior Distribution [J]. Journal of Statistical Planning and Inference, 1987, 16 (12): 267-275.
[5] Winterbottom A. Asymptotic Expansions to Improve Large Sample Confidence Intervals for System Reliability [J]. Biometrika, 1980, 67 (2): 351-357.
[6] 朱晓波, 廖炯生. 系统可靠性评估的 CMSR 方法 [J]. 宇航学报, 1990, 11 (2): 29-34.
[7] 赵勇辉, 李国英, 于丹. 基于贝叶斯估计的系统可靠性综合方法 [J]. 科学通报, 1999, 44 (10): 1038-1041.
[8] 赵勇辉, 程侃, 于丹. 利用先验信息修正经典限的可靠性评估方法 [J]. 系统工程理论与实践, 2002, 47 (5): 71-74.
[9] 周广涛. 计算机辅助可靠性工程 [M]. 北京: 宇航出版社, 1990.
[10] 何国伟. 成败型系统可靠性综合方法 [J]. 质量与可靠性 (试刊), 1985: 17-20.
[11] 周源泉. 可靠性评定 [M]. 北京: 科学技术出版社, 1990.
[12] 王玮. 制导弹药可靠性评定方法的研究 [D]. 石家庄: 军械工程学院, 2006.
[13] 峁诗松. 贝叶斯统计 [M]. 北京: 中国统计出版社, 1999.
[14] Berger J O. Statistical Decision Theory and Bayesian Analysis [M]. New York: Springer, 1980.
[15] 李荣, 蔡洪, 王慧频. 多源验前信息之下贝叶斯可靠性估计 [J]. 模糊系统与数学, 1993, 11 (3): 21-25.
[16] 张金槐, 张士峰. 验前大容量仿真信息“淹没”现场小子样试验信息问题 [J]. 飞行器测控学报, 2003, 22 (3): 1-6.
[17] Kleyner A, et al. Bayesian Techniques to Reduce the Sample Size in Automotive Electronics Attribute Testing [J]. Microelectronics Reliability, 1997, 37 (6): 879-883.
[18] 张士峰. 成败型产品可靠性的贝叶斯评估 [J]. 兵工学报, 2001, 22 (2): 238-240.
[19] 王玮, 周海云, 尹国举. 使用混合 Beta 分布的贝叶斯方法 [J]. 系统工程理论与实践, 2005, 25 (9): 142-144.
[20] 王玮, 蔡瑞娇, 焦清介. 制导弹药可靠性评定方法的研究 [J]. 兵工学报, 2007, 28 (7): 800-803.
[21] 现代数学手册编纂委员会. 现代数学手册 [M]. 武汉: 华中科技大学出版社, 2000.
[22] 吴喜之. 非参数统计 [M]. 北京: 中国统计出版社, 2003.
[23] 张训诰, 肖德辉. 可靠性及其应用 [M]. 北京: 兵器工业出版社, 1991.
[24] 秦士嘉. 抽样检验原理和方法 [M]. 北京: 电子工业出版社, 1993.
[25] 姜礼平. 成败型产品成功率鉴定试验的一种贝叶斯方法 [J]. 工程数学学报, 2000, 17 (4): 25-29.

第6章 弹药引信可靠性增长理论与评定方法

可靠性增长是产品在研制过程中经过试验—分析—改进（TAAF）消除产品设计和制造中的缺陷和薄弱环节，使产品的可靠性水平不断获得提高的过程。对于这种在可靠性增长过程中产品可靠性的变化规律，一般用可靠性增长理论和增长模型来描述。可靠性增长试验是指为了提高产品可靠性，而在可靠性增长过程中有计划地激发产品失效、分析失效原因和进行改进设计，并证明改进措施有效性而进行的试验。可靠性增长试验是产品工程研制中单独安排的一个可靠性工作项目，是工程研制的重要组成部分，其试验数据可用来对产品可靠性进行评估。本章重点研究适合于制导弹药引信可靠性增长规律的可靠性增长模型、可靠性增长试验方案及可靠性定量评估方法。

6.1 可靠性增长概念及发展概况

6.1.1 可靠性增长概念

任何产品在研制初期，其可靠性一般不能达到规定的指标，必须经过试验—分析—改进的过程，才能使其可靠性不断提高，直到满足要求。这个通过不断消除产品在设计或制造中的薄弱环节，使产品可靠性随时间而逐步提高的过程，称为可靠性增长过程。

关于可靠性增长，GB/T 3187—1994《可靠性、维修性术语》和 GJB 451A—2005《可靠性维修性保障性术语》给出了明确的定义。GB/T 3187—1994《可靠性、维修性术语》的定义是："可靠性增长是随着产品设计、研制、生产阶段工作的逐步进行，产品的可靠性特征量逐步提高的过程。" GJB 451A—2005《可靠性维修性保障性术语》给出了狭义的解释："可靠性增长是指通过改进产品设计和制造中的缺陷，不断提高产品可靠性的过程。"

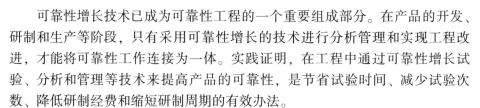

可靠性增长技术已成为可靠性工程的一个重要组成部分。在产品的开发、研制和生产等阶段，只有采用可靠性增长的技术进行分析管理和实现工程改进，才能将可靠性工作连接为一体。实践证明，在工程中通过可靠性增长试验、分析和管理等技术来提高产品的可靠性，是节省试验时间、减少试验次数、降低研制经费和缩短研制周期的有效办法。

在产品可靠性增长过程中，产品可靠性是不断随时间而变化的。用于描述增长过程中产品可靠性变化的数学模型称为可靠性增长模型。可靠性增长模型是可靠性增长规划的基础，只有选择合适的可靠性增长模型，才能对产品的可靠性进行跟踪与预测，并为工程管理提供正确信息。由于在可靠性增长过程中涉及的与可靠性有关的数据具有随机性，因此在可靠性增长的管理和分析中，要用到多种统计方法对可靠性增长模型进行分析和估计。

可靠性增长试验是指产品在研制过程中有计划地激发失效、分析失效原因和改进设计，并证明改进措施有效性而进行的试验。可靠性增长试验的目的，就是通过试验—分析—改进，消除产品缺陷，提高可靠性。可靠性增长试验是产品工程研制中单独安排的一个可靠性工作项目，是工程研制的重要组成部分。

6.1.2 引信可靠性增长概述

现代战争的发展要求武器系统具有更强大的作战能力，具备高机动性、高精确性、高自动化、高安全性和高可靠性等特点，任何武器系统的效能最终都要以战斗部对目标所产生的毁伤效果来衡量。引信作为各种武器弹药系统中实现毁伤目标的一个重要组成部分，已经从武器系统中的配套产品发展成为对抗环节，其作用可靠与否直接关系到武器弹药系统效能的发挥乃至作战使命的完成。性能良好的引信，不仅能保证战斗部乃至整个武器系统的安全性，而且能使战斗部充分发挥毁伤目标的威力。

引信工作过程的动态性、瞬时性和一次性，构成了引信区别于弹药系统中其他系统的主要特点，同时，由于产品成本高、试验样本量少、试验平台和试验系统昂贵等，使得引信既不能像火工元件那样进行大子样的破坏性试验，又不能像电子产品那样进行通电工作试验。因此，在引信研制过程中，如何开展引信可靠性试验和采取何种措施来保证引信既能达到可靠性要求又能降低试验费用和研制成本是一个非常突出的问题。

在引信的研制过程中，可靠性增长是一项重要的内容，通过选择符合引信可靠性增长规律的引信可靠性增长模型，制定合适的可靠性增长试验方案，并利用可靠性增长模型来评估和预测引信可靠性，是节约经费、提高研制效率和保证引信按时达到可靠性要求的重要手段。

6.1.3 国内外可靠性增长的历史与现状

1. 国外可靠性增长发展历史

国外在20世纪50年代末期就提出了可靠性增长的思想，在可靠性增长定量化的研究中，具有突破性贡献的是美国通用电气公司发动机与电机部门的工程师J. T. Duane。1962年，Duane通过分析两种液压装置及三种飞机发动机的试验数据，发现只要不断地对产品进行改进，累积故障数与累积试验时间在双对数坐标纸上是一条直线。美国用了10多年的时间通过对大量可修电子设备的数据进行分析后认为，不少产品的可靠性数据符合这一规律。因此，Duane模型得到了广泛应用。1978年被美国军用标准MIL－STD－1635《可靠性增长试验》采纳，1984年被美军手册MIL－HDBK－338《电子产品可靠性设计手册》引用，1987年又被美军手册MIL－HDBK－781《工程研制、鉴定和生产的可靠性试验》引用，并于1992年和1995年被我国国军标GJB1407—92《可靠性增长试验》和GJB/Z77《可靠性增长管理手册》采用。

1968年，E. P. Virene使用Gompertz曲线描述可靠性增长的规律。Gompertz曲线的特点是：开始增长较慢，然后逐渐加快，到某点后又减慢。不少产品在研制过程中的可靠性增长过程符合这种规律。

1969年3月，美国国防部颁发MIL－STD－785A《系统、设备研制与生产的可靠性大纲》，首次将可靠性增长作为可靠性工作中必须进行的一项内容。

1972年，为了克服Duane模型的缺点，曾在美军装备系统分析中心（Army Materiel System Analysis Activity，AMSAA）工作的L. H. Crow在Duane模型的基础上提出了一个新模型——AMSAA模型或Crow模型。AMSAA模型与Duane模型的公式完全相同，但AMSAA模型进一步给出了Duane模型的概率解释。Crow发展了单台系统可靠性增长的严格统计方法，包括单元及系统MTBF的点估计、系统的MTBF和参数的置信区间及模型的拟合优度检验方法。AMSAA模型是可靠性增长技术发展中第二个重要的里程碑。该模型也先后被MIL－HDBK－189《可靠性增长管理手册》、MIL－HDBK－338《电子产品可靠性设计手册》和MIL－HDBK－781《工程研制、鉴定和生产的可靠性试验》采用，接着又被国际电工委员会标准IEC61164《可靠性增长——统计试验与估计方法》采用。

1972年，Z. Jelinski与P. B. Morandan在论文《软件可靠性研究》中提出了第一个实用的软件可靠性增长模型——J－M模型。

1975年，美国海军非正式要求在新研项目以及遇到麻烦的在研项目中采用TAAF方法。

1977 年，美国海军发布 MAVMATINST3000.1A 文件，正式提出 TAAF 要求。不过，该文件并没用规定具体的方法，只是建议以 Duane 模型方法作为优选方法。因为该方法已有大量成功的应用实例，而且易于理解，使用方便。

1978 年，美国海军系统部颁发 MIL－STD－1635《可靠性增长试验》，采纳了 Duane 的 TAAF 模型。该标准于 1986 年 10 月 17 日废止，开始执行 MIL－STD－781D《工程研制、鉴定和生产的可靠性试验》。

1981 年，美国国防部颁发 MIL－HDBK－189《可靠性增长管理手册》，指出可靠性增长管理是系统工程过程的一个组成部分。手册建议使用 Duane 模型进行可靠性增长试验计划的制定，使用 AMSAA 模型对可靠性增长情况进行评估，并介绍了 8 个离散型的增长模型和 9 个连续型的增长模型。

1984 年，美国国防部颁发 MIL－HDBK－338《电子产品可靠性设计手册》，对可靠性增长问题进行了比较全面系统的阐述。

1986 年，美国国防部颁发 MIL－STD－781D《工程研制、鉴定和生产的可靠性试验》，对可靠性增长试验和环境应力筛选试验提出了明确的要求。

1995 年，国际电工委员会颁发 IEC61164《可靠性增长——统计试验与估计方法》，给出了基于单台产品失效数据进行可靠性增长评估的 AMSAA 模型和数值计算方法，包括产品可靠性的增长估计、置信区间以及拟合优度检验等。

国外可靠性增长技术经过 50 多年的发展，已提出了一系列的可靠性增长模型，见表 6－1。

表 6－1 可靠性增长模型

模型名称	提出人	提出时间	模型类型
Weibull 模型	W. Weibull	1951 年	连续型
Weiss 模型	H. K. Weiss	1956 年	离散型
普通双曲线模型	J. Sogorka，J. Peterson	1959 年	连续型
IBM 模型	N. Rosner	1961 年	连续型
Lloyd－Lipow 模型	D. K. Lloyd，M. Lipow	1962 年	离散型
指数单项幂级数模型	N. Perkowski，D. E. Hartvigsen	1962 年	连续型
Duane 模型	J. T. Duane	1962 年	连续型
Golovin 模型	N. Golovin	1962 年	连续型
Wolman 模型	W. Wolman	1963 年	离散型
Barlow－Scheuer 模型	R. E. Barlow，E. M. Scheuer	1966 年	离散型
Cox－lewis 模型	D. R. Cox，P. A. W. lewis	1966 年	连续型

（续）

模型名称	提出人	提出时间	模型类型
Gompertz 模型	E. P. Virene	1968 年	离散型
Bayes 模型	S. Pollock	1968 年	离散型
ARIMA 模型	G. E. P. Box，G. M. Jenkins	1970 年	离散型
AMSAA 模型	L. H. Crow	1972 年	连续型
J－M 模型	Z. Jelinsky，P. B. Moranda	1972 年	离散型
Lewis－Shedler 模型	P. A. W. Lewis，G. Shedler	1976 年	连续型
Bonis 模型	A. J. Bonis	1977 年	连续型
Singpurwalla 模型	N. Singpurwalla	1978 年	离散型
EDRIC 模型	IEC TC－56	1982 年	离散型
改进的 Gompertz 模型	D. Kececioglu，Jiang Siyuan	1994 年	离散型

Duane 模型是最先被大规模应用的可靠性增长模型，其表示形式简洁，对于可靠性增长过程的跟踪和预测非常简便，也方便于制定可靠性增长计划；但 Duane 模型只是一个经验公式，没有涉及随机性问题。

Weibull 模型在可靠性工程研究中有重要的应用，它可以很好地符合指数分布和正态分布等；但在其形状参数 m 不确定的情况下，每次必须有失效才能进行计算，需要较多的试验样本量，有一定的局限性。

J－M 模型是最早出现且目前仍在使用的软件可靠性预计模型之一，J－M 模型是基于失效间隔时间的较理论化的可靠性增长模型，用于软件系统测试阶段的可靠性度量。J－M 模型的优点是：假设条件比较符合工程实际，数学表达式简单，模型使用方便。缺点是：假设条件有时偏理想化，实际应用环境难以满足，并且模型的失效间隔时间数据收集很困难，实用性差。

AMSAA 模型在 Duane 模型的基础上考虑了失效的随机性提出来的，是建立在严格的随机过程理论基础上的可靠性增长模型。其优点是：模型参数的物理意义容易理解，便于制定可靠性增长计划，可靠性增长过程的跟踪和评估非常简便，考虑了随机性，MTBF 的点估计精度较高，并且可以给出当前 MTBF 的区间估计。缺点是：在理论上，当 $t\to 0$ 和 $t\to\infty$ 时，产品的瞬时 MTBF 分别趋向于 0 和无穷大，与工程实际不符。

改进的 Gompertz 模型，可以精确评估具有 S 形增长趋势的可靠性增长数据，改进的 Gompertz 模型是在 Gompertz 模型公式后面加上一个常数 d，这样就可以避免发生可靠性大于 1 的情况，但是由于加上参数 d，计算出来的 a、b、c 都是关于 d 的关系式，此时只能用迭代的方法来计算，计算非常繁琐。

贝叶斯方法能充分利用各种来源的信息，如仿真试验信息、相似系统信息、不同环境下的试验信息、历史信息等，能够大大减少试验次数，节省试验成本，缩短试验周期，在近年来得到了广泛应用；但是验前信息的确定比较麻烦，并且容易造成评估结果的冒进。

有些可靠性增长模型是专门针对某项研究提出的，不具有普遍性，但有些模型具有普遍适用性，获得了很大发展，如 Duane 模型、AMSAA 模型、贝叶斯模型和 Gompertz 模型等。这些可靠性增长模型普遍应用于各行各业的研究中，尤其是军工和航天部门，对国防和制造业的发展起到了积极推动作用，通过将这些成果在其他领域推广也取得了很大的成果。

2. 国内可靠性增长发展历史

国内可靠性增长技术是随着我国科学技术和工业的发展、国外可靠性增长理论和方法的引入，并结合我国实际开展可靠性工程活动而逐渐发展起来的。

在可靠性增长的理论研究上，我国著名科学家钱学森于 1975 年、1977 年和 1981 年提出我国要搞“变动统计学”和“小样本变动统计学”的研究，这就是我国最早提出的可靠性增长技术的理论基础。随后从国外引进了 Duane、贝叶斯和 Gompertz 等可靠性增长模型，并做了许多验证工作。周延昆是较早研究可靠性增长理论的学者之一，他不仅对 Duane 模型和 AMSAA 模型的统计分析进行了研究，而且将这两个模型应用在电视机的可靠性增长试验上，取得了良好的效果，1985 年他发表了《EDRIC 模型分析系统设计中的可靠性增长》应用报告。周源泉和翁朝曦是我国较早开展可靠性增长理论与应用研究的专家，他们最大的贡献是在 AMSAA 模型的基础上提出了更具有普遍意义的 AMSAA－BISE 模型，该模型系统解决了 Crow 十几年没有解决的多台同步可靠性增长模型及数据处理问题，包括趋势检验、模型参数估计、模型拟合优度检验、系统 MTBF 的点估计和区间估计、分组数据及删失数据的统计推断等问题。另外，陈世基、关绍敏、叶尔弊等对可靠性增长二项、三项分布模型参数的贝叶斯估计进行了研究。

1988 年，国防科工委颁发 GJB 450—88《装备研制与生产的可靠性通用大纲》，规定了军用系统和产品在研制与生产阶段实施可靠性监督与控制、设计与分析、试验与评价的通用要求和工作项目，其中，工作项目 302 对可靠性增长试验规定了专门要求。这是国家军用标准可靠性专业标准体系中的顶层标准，主要参照 MIL－STD－785B《系统、设备的研制与生产可靠性大纲》制定。

1992 年，国防科工委颁发了 GJB 1407—92《可靠性增长试验》，规定了完整的可靠性增长计划。增长计划曲线的制定主要根据同类产品预计过程中所得的数据，通过分析以确定可靠性增长试验的时间，并且使用监测试验过程的方法对增长计划进行管理。

1992 年，航空航天工业部颁发 HB/Z 214《航空产品可靠性增长》，为航空武器装备开展可靠性增长试验提供了指导。

1993 年，国防科工委颁布《武器装备可靠性与维修性管理规定》，其中明确规定：“应当建立故障报告、分析和纠正措施系统，充分有效地利用信息来评价和改进设计，实现可靠性与维修性持续增长，成功的可靠性增长试验可以代替可靠性鉴定试验。”

1994 年，国家技术监督局颁发 GB/T 15174—94《可靠性增长大纲》，等效采用 IEC61014《可靠性增长——统计试验与估计方法》。

1995 年，国防科工委颁发 GJB/Z77《可靠性增长管理手册》，主要参照 MIL - HDBK - 189《可靠性增长管理手册》。

2000 年，周源泉等在加速试验和可靠性增长试验的基础上，系统阐述了加速可靠性增长试验评估方法。

几十年来，我国可靠性增长技术的研究主要集中在：学习消化国外已提出的增长模型，应用和改进已有的可靠性增长模型，研究参数估计和统计判断方法等方面。比较多的是集中在可靠性增长管理和增长试验过程中如何应用好已提出的模型。

3. 引信可靠性增长研究的现状

相对于其他领域可靠性增长研究，专门针对引信产品的可靠性增长研究相对较少。2002 年，张军科通过总结 30 多种适用于成败型产品的可靠性增长模型，并选用几种离散型可靠性增长模型对某引信的可靠性增长试验数据进行了分析和对比，得出了各种模型的优缺点。2004 年，王飞以工程可靠性增长试验的实际数据为背景，建立了基于 Gompertz 模型下的引信可靠性增长技术体系，对引信在研制与试验中的可靠性增长进行了全面的分析和研究，并采用分布检验进行了理论验证，得出了与实际试验数据相吻合的结论，为引信的设计、研制和靶场试验提供了理论依据。2009 年，李宁针对常规导弹机电引信的技术特点，通过对机电引信可靠性增长试验方法进行研究，建立了一种科学的机电引信可靠性评估方法，摸索出了适合机电引信可靠性增长的试验流程，提高了机电引信的可靠性。

当前，我国引信领域进行可靠性增长活动主要根据其他行业的指导性文件进行，在研究方法方面主要借鉴关于成败型产品和电子类产品可靠性增长的研究成果。

6.2 引信可靠性增长模型分析及计算机模拟研究

6.2.1 引信可靠性增长模型分析

1. 适合于引信可靠性增长过程的可靠性增长模型的确定

可靠性增长模型是可靠性增长规划和跟踪管理的基础，利用它可以画出可靠性增长计划曲线，为可靠性增长过程提供指导；它还可预测可靠性增长，根据预测结果及时调整研制计划，提高研制效率。本节主要对引信可靠性增长模型进行研究，并利用研究结果为可靠性增长试验方案的制定提供指导。方法是：从引信可靠性增长模式入手，通过对几种增长模型的分析比较，得出适合引信可靠性增长过程的可靠性增长模型。

首先对引信研制过程的阶段性特点和各阶段的可靠性试验数据特征进行分析：

(1) 引信研制一般分为方案设计、初样机、正样机、设计定型阶段，可靠性增长一般发生在初样机到设计定型的过程中。

(2) 引信属一次性作用产品，各阶段的可靠性试验数据为成败型数据。

(3) 在引信研制过程中，初始阶段暴露的问题较多，设计改进比较容易，引信可靠性增长速度较快；但随着研制的进展，可靠性增长的难度越来越大，增长速度也越来越慢。因此，可靠性增长曲线通常是前阶段迅速上升，然后逐渐趋于平缓，最终接近一极限值。

可靠性增长过程有以下三种不同的 TAAF 规划方式：

(1) 即时修正策略：对试验中暴露的 B 类失效立即进行修正，即试验—修正—再试验方式。

(2) 延缓修正策略：对试验中暴露的缺陷并不立即修正，而是在一个阶段结束后对所有暴露的缺陷进行统一修正，即试验—暴露缺陷—再试验方式。

(3) 含延缓修正的试验—修正—再试验方式。

根据上述对引信可靠性增长阶段性特点和数据特征的分析，可以得到引信的可靠性增长过程实际上是一个延缓修正的过程。引信可靠性增长模式如图 6-1所示。

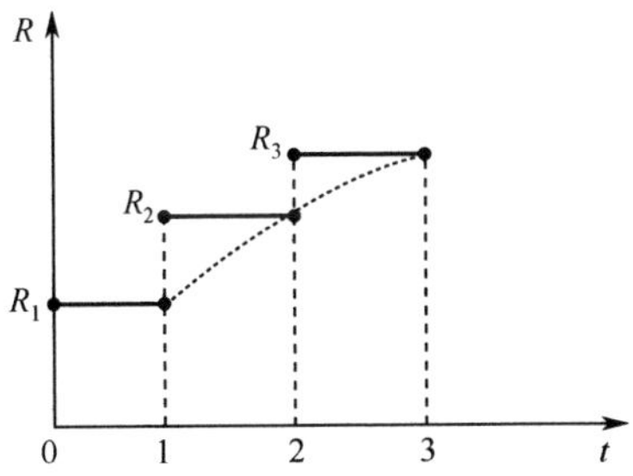

图 6-1 引信可靠性增长模式

图 6-1 中，横坐标 t 表示研制阶段，纵坐标为可靠度 R（其中，R_1、R_2、R_3 分别为引信在研制阶段 1、2、3 的可靠度）。从图 6-1 中可以看出，引信的可靠度是随着研制阶段跳跃式增长的，而不是一个连续的过程。但很多时候，为了管理和预测方便，往往用一条连续曲线对整个增长过程做近似描述，

如图中将每个阶段末的可靠度连在一起的光滑虚曲线。

通常的可靠性增长模型是基于增长模式的数学描述。从上述的模式分析可以看出，由于引信的可靠性增长不具有连续性，因此，它的可靠性增长可用离散型的增长模型来描述。可靠性增长模型按失效数据的统计性质分为连续型及离散型的可靠性增长模型。连续型模型有 Duane 模型、AMSAA 或 Crow 模型、Lloyd - Lipow 模型、Aroef 模型等。离散型模型有 Gompertz 模型、贝叶斯模型、EDRIC 模型（IBM 模型离散形式）、Wolman 模型等。其中，对一次性作用产品常用的模型是离散的 Duane 模型和 Gompertz 模型。离散的 Duane 模型的优点是：模型参数的物理意义容易理解，便于制定可靠性增长计划，表示形式简洁，可靠性增长过程的跟踪和评估非常简便。Gompertz 模型的优点是：计算方法简便，物理意义容易理解，既适用于成败型试验信息也适用于寿命型试验信息，既可用于设备也可用于复杂系统。这两个模型均属于渐进型增长模型，与引信可靠性增长规律基本一致，可初步确定为适合于引信可靠性增长的模型，下面对这两种增长模型进一步对比分析。

2. Duane 与 Gompertz 模型的基本理论

1）Duane 模型

（1）Duane 模型概述。

Duane 模型表述为：在产品研制过程中，只要不断地对产品进行改进，累积失效率 $\lambda_c(t)$ 与累积试验时间 t 可以用双对数坐标纸上的一条直线来近似描述，Duane 模型是被广泛应用的可靠性增长模型，最初是针对可修系统的可靠性增长提出的。用时刻 t 的瞬时失效率表示的 Duane 模型的连续型数学描述为

$$\lambda(t) = a(1 - m)t^{-m} \tag{6-1}$$

式中：$\lambda(t)$ 为产品在时刻 t 时的瞬时失效率；t 为可修系统的累积工作时间；a 为尺度参数，是一个常数，且 $a>0$；m 为增长率，$0<m<1$。

Duane 模型实质是一个渐进增长模型，属于幂律增长模型。

为表示方便，引进参数 b，且令 $b=1-m$（b 为增长参数）。则模型变为

$$\lambda(t) = abt^{b-1} \tag{6-2}$$

（2）离散的 Duane 模型及参数估计。

当产品是成败型时，Duane 模型的离散型数学描述为

$$p_k = abk^{b-1} \tag{6-3}$$

式中：k 为累积试验次数或研制阶段（$k=1, 2, \cdots, n$）；p_k 为产品在第 k 次试验或第 k 阶段的瞬时失效概率；a、b 的含义与式（6-2）相同。

对于引信产品，在可靠性增长过程中能获得的失效概率数据见表 6-2。

表 6-2 引信可靠性增长的失效概率数据

失效概率 $\tilde{p}_k$	$\tilde{p}_1$	$\tilde{p}_2$	…	$\tilde{p}_n$
研制阶段 i	1	2	…	n

表 6-2 中，$1 > \tilde{p}_1 \geqslant \tilde{p}_2 \geqslant \cdots \geqslant \tilde{p}_n \geqslant 0$，可靠度随研制的进展而增长。下面利用表 6-2 的数据对式（6-3）中的参数给出估计方法，用最小二乘法进行参数估计。

由于失败概率观测值 $\tilde{p}_k$ 与 Duane 模型的理论值之间存在残差，则对式（6-3）两边取对数，取对数后的残差用 ε_k 表示，可得

$$\ln \tilde{p}_k = \ln ab + (b-1)\ln k + \varepsilon_k$$

残差平方和为

$$\sum_{k=1}^{n} \varepsilon_k^2 = \sum_{k=1}^{n} [\ln \tilde{p}_k - \ln ab - (b-1)\ln k]^2$$

令 $c = ab$，残差平方和在以下条件时为最小，即

$$\frac{\partial \sum_{k=1}^{n} \varepsilon_k^2}{\partial \ln c} = -2\sum_{k=1}^{n} [\ln \tilde{p}_k - \ln c - (b-1)\ln k] = 0 \tag{6-4}$$

$$\frac{\partial \sum_{k=1}^{n} \varepsilon_k^2}{\partial (b-1)} = -2\sum_{k=1}^{n} [\ln \tilde{p}_k - \ln c - (b-1)\ln k]\ln k = 0 \tag{6-5}$$

用 $\hat{a}$、$\hat{b}$ 和 $\hat{c}$ 分别表示对 a、b 和 c 的估计，则联合式（6-4）和式（6-5）可得

$$\hat{b} = 1 + \frac{\sum_{k=1}^{n}(\ln \tilde{p}_k \cdot \ln k) - \left(\sum_{k=1}^{n}\ln \tilde{p}_k\right)\left(\sum_{k=1}^{n}\ln k\right)/n}{\sum_{k=1}^{n}(\ln k)^2 - \left(\sum_{k=1}^{n}\ln k\right)/n} \tag{6-6}$$

$$\hat{c} = \exp\left\{\frac{1}{n}\left[\sum_{k=1}^{n}\ln \tilde{p}_k + (1-\hat{b})\sum_{k=1}^{n}\ln k\right]\right\} \tag{6-7}$$

由 $c = ab$ 可得

$$\hat{a} = \exp\left\{\frac{1}{n}\left[\sum_{k=1}^{n}\ln \tilde{p}_k + (1-\hat{b})\sum_{k=1}^{n}\ln k\right]\right\}/\hat{b} \tag{6-8}$$

最终可得引信可靠性增长的离散型 Duane 模型的估计公式为

$$\tilde{p}_k = \hat{a}\hat{b}k^{\hat{b}-1} \quad (k = 1,2,\cdots,n) \tag{6-9}$$

转换为可靠度 R 表示的估计公式为

$$\hat{R}_k = 1 - \hat{a}\hat{b}\,k^{\hat{b}-1} \quad (k = 1,2,\cdots,n) \tag{6-10}$$

用式（6－9）或式（6－10）即可以对研制过程中未来阶段产品能达到的可靠度进行预测，进而评价以目前的研制进度能否在规定时间内达到产品要求的可靠性目标。

（3）Duane 模型的拟合优度检验。

对于以上用最小二乘法估计出的式（6－9）还必须进行检验，以证明其对原数据拟合的有效性，即需要对其进行拟合优度检验。Duane 模型的拟合优度检验可用 $\ln\tilde{p}_k$ 与 $\ln k$ 的经验相关系数来实现。设 $\hat{\rho}$ 为 $\ln\tilde{p}_k$ 与 $\ln k$ 的经验相关系数，则

$$\tilde{p} = \frac{l_{xy}}{\sqrt{l_{xx}}\sqrt{l_{yy}}} \tag{6-11}$$

式中

$$l_{xy} = \sum_{k=1}^{n}(\ln k)(\ln\tilde{p}_k) - \left(\sum_{k=1}^{n}\ln\tilde{p}_k\right)\left(\sum_{k=1}^{n}\ln k\right)\Big/ n$$

$$l_{xx} = \sum_{k=1}^{n}(\ln k)^2 - \left(\sum_{k=1}^{n}\ln k\right)^2\Big/ n$$

$$l_{yy} = \sum_{k=1}^{n}(\ln\tilde{p}_k)^2 - \left(\sum_{k=1}^{n}\tilde{p}_k\right)^2\Big/ n$$

当显著性水平为 α 时，若 $\hat{\rho} \geqslant \rho_{1-\alpha}$，则接受拟合的 Duane 模型；若 $\hat{\rho} \leqslant \rho_{1-\alpha}$，则拒绝。样本量 n 下的临界经验相关系数 $\rho_{1-\alpha}$ 可通过相关文献查得。

2）Gompertz 模型

（1）Gompertz 模型的数学描述。

Gompertz 模型曲线的特点是开始增长较慢，然后逐渐加快，到某点以后又减慢。Gompertz 模型本是用于时间序列分析的增长模型，最初由 B. Gompertz 提出用于人口的增长分析。1968 年，E. P. Virene 提出将 Gompertz 模型用于可靠性增长曲线的描述，该模型可用于描述连续型和离散型可靠性增长数据。Gompertz 模型连续型数学描述为

$$R(t) = ab^{c^t} \quad (t > 0) \tag{6-12}$$

式中：R（t）为时刻 t 的可靠度；a、b、c 均为介于 0～1 之间的常数。

从式（6－12）可以看出：当 $t\to\infty$ 时，$R(t)=a$，即 a 表示可靠性增长上限；当 $t=0$ 时，$R(t)=ab$，即表示 ab 为初始可靠度，而 b 为初始可靠度与上限可靠度之比；c 为反映增长率的参数，c 值越小增长速度越快，c 值越大增长速度越慢。

（2）Gompertz 模型的参数估计。

Gompertz 模型的参数估计有许多种方法，但以 Virene 算法最简单适用。下面给出离散型数据情况下的 Gompertz 模型参数估计 Virene 算法。

设经过 n（n 为 3 的整数倍）个阶段试验，得到 n 个可靠度观测值 R_i（$i=0, 1, \cdots, n-1$），若观测值严格服从 Gompertz 模型，则离散型数学描述为

$$R_i = ab^{c^i} \quad (i=0, 1, \cdots, n-1) \tag{6-13}$$

对式（6－13）等号两边取对数，有

$$\ln R_i = \ln a + c^i \ln b \tag{6-14}$$

将观测值的对数值分为三组，每组有 $m=n/3$ 个观测值，则对每组观测值的对数求和可得

$$s_1 = \sum_{i=0}^{m-1} \ln R_i = m\ln a + \ln b \sum_{i=0}^{m-1} c^i$$

$$s_2 = \sum_{i=m}^{2m-1} \ln R_i = m\ln a + \ln b \sum_{i=m}^{2m-1} c^i$$

$$s_3 = \sum_{i=2m}^{3m-1} \ln R_i = m\ln a + \ln b \sum_{i=2m}^{3m-1} c^i$$

由以上三式组成的方程组求解可得 a、b、c 的参数估计为

$$\hat{c} = \left(\frac{s_3 - s_2}{s_2 - s_1}\right)^{\frac{1}{m}} \tag{6-15}$$

$$\hat{b} = \exp\left[\frac{(s_2 - s_1)(\hat{c} - 1)}{(1 - c^m)^2}\right] \tag{6-16}$$

$$\hat{a} = \exp\left\{\frac{1}{m}\left[s_1 + \frac{s_2 - s_1}{1 - \hat{c}^m}\right]\right\} \tag{6-17}$$

则可得 Gompertz 模型的离散型估计形式为

$$\hat{R}_i = \hat{a}\hat{b}^{\hat{c}^i} \quad (i=0, 1, 2, \cdots, n-1) \tag{6-18}$$

在实际计算过程中，有时可靠度观测值个数 n 不是 3 的整数倍，这时可根据需要去掉前面的 1 个或 2 个观测值，使得剩下的可靠度观测值个数为 3 的整

数倍。后面用计算机模拟 Gompertz 模型遇到类似情况时，便是采取这种办法处理的。

（3）Gompertz 模型的拟合优度检验。

Gompertz 模型的拟合优度检验可用符号检验法来完成，首先由式（6－18）计算出 $|\hat{R}_i - R_i| < \varepsilon$（$\varepsilon$ 足够小）。记 $(\hat{R}_i - R_i) > 0$ 为“+”，统计个数为 n_+；记 $(\hat{R}_i - R_i) < 0$ 为“－”，统计个数为 n_-；记 $(\hat{R}_i - R_i) = 0$ 为“0”，不统计个数。令 $n = n_+ + n_-, M = \min(n_+, n_-)$。给定显著性水平 α，查符号检验表可得与 n 对应的 $M_{1-\alpha}$。若 $M > M_{1-\alpha}$，则认为符号是随机的，曲线对测试结果的拟合优度较好，可用于后续的可靠性预测和管理；否则认为符号不具有随机性，不能用于后续分析。

Gompertz 模型的优点是计算方法简便，物理意义容易理解，既适用于成败型试验信息也适用于寿命型试验信息，既可用于设备也可用于复杂系统。Gompertz 模型开始增长较慢，然后逐渐加快，到某点以后增长速度又减慢，符合引信可靠性增长的特点，可以初步确定为符合引信可靠性增长规律的模型。下面通过计算机模拟进一步分析离散的 Duane 模型和 Gompertz 模型对引信可靠性增长数据的拟合效果，得出较为适用引信可靠性增长的模型。

3）Duane 模型和 Gompertz 模型模拟比较概述

对于任一组如表 6－3 所列的引信可靠性增长数据（$0 < R_1 < R_2 < \cdots < R_n < 1$），均可用 Duane 模型和 Gompertz 模型进行拟合。但究竟哪个模型对这种类型数据的拟合效果好，需要经过多组不同的数据进行比较分析，才能得出结论。

表 6－3　引信可靠性增长数据

可靠度 R_i	R_1	R_2	…	R_n
研制阶段 i	1	2	…	n

不同模型对实测数据拟合的好坏可通过比较由不同的模型得到的计算值与实测值的平均残差平方和 ε 的大小判断。ε 的计算公式如下：

$$\varepsilon = \frac{1}{n}\sum_{i=1}^{n}(\hat{R}_i - R_i)^2 \qquad (6-19)$$

式中：$\hat{R}_i$ 为由模型得到的计算值，或拟合值；R_i 为实测值。

ε 越小，模型对实测数据的拟合效果越好，模型可用性越强，其对未来阶段的可靠度的预计值也就越准确。

令 ε_D 为 Duane 模型的平均残差平方和，ε_C 为 Gompertz 模型的平均残差平方和。用这两个模型对随机数发生器产生的多组可靠度数据分别进行拟合，比

较平均残差平方和 ε_D 和 ε_C 的大小，运用统计理论得出（$\varepsilon_D > \varepsilon_C$）的次数和（$\varepsilon_D < \varepsilon_C$）的次数。Duane 模型与 Gompertz 模型模拟比较流程如图 6－2 所示。

图 6－2 中：C_n 为 Gompertz 模型模拟的平均残差平方和小的次数；D_n 为 Duane 模型模拟的平均残差平方和小的次数。通过给定模拟 N 的次数 N 和随机可靠度数量 n 进行计算机模拟，根据 C_n 和 D_n 的大小判断 Duane 模型与 Gompertz 模型对随机数列拟合的好坏。若 $C_n > D_n$，则表示 Gompertz 模型比 Duane 模型拟合好的次数多；反之，Duane 模型拟合好的次数多。

随机可靠度数列 R_i（0.6～1）是从小到大排列的有序数列。之所以选择 0.6～1 的可靠度随机数列，是考虑到在实际引信的研制工作中，虽然多数引信采用了成熟技术，试制阶段便可达到较高的可靠度。但对于少数新型的或结构复杂的引信，其试制阶段的可靠度还是比较低的。为了更普遍地研究引信的研制过程，可从较低的可靠度开始模拟，但引信必须有一定的可靠度之后才能进行可靠性增长的研究，这个值通常不低于 0.6。

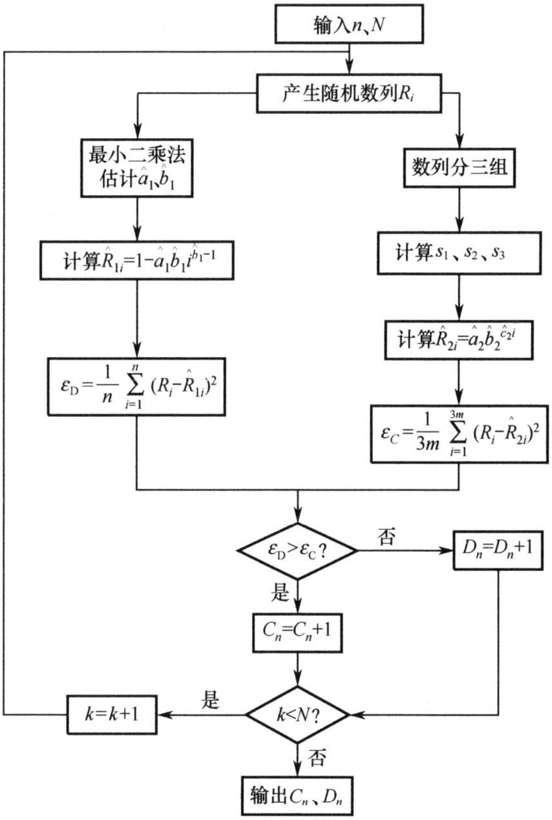

图 6－2　Duane 模型与 Gompertz 模型模拟比较流程

模拟中采用的随机数发生器是素数模乘同余法发生器，其基本原理为

$$x_i = (ax_{i-1}) \bmod M \qquad (x_i \text{为以} M \text{为模的余数})$$

$$R_i = x_i / M$$

为了不产生重复的随机数，选用 $x_0 = 68789321$ 为初始值，$a = 16807$，$M = 2147483647$。对尾部字长为 31 位的计算机，取素数 $M = 2^{31} - 1 = 2147483647$ 作为模，取乘子 $a = 16807$ 与 M 互素，可以证明，16807 是模 $M = 2147483647$ 的元根，可使该随机数发生器的周期为 2147483647，这个周期足以保证每次产生的随机数不重复，而 x_0 只要取小于模 M 的奇整数即可。以 $n = 15$ 为例，模拟 5000 次所需随机数为 75000 个，远小于 2147483647。对该随机数发生器产生的随机数序列进行统计检验，检验结果证明该随机数发生器产生的随机数序列的分布是均匀的，且序列具有随机性和不相关性。

利用随机数据发生器产生从小到大排列的可靠度增长数据，然后利用计算机模拟流程比较两种模型对数据拟合的好坏。但有时由随机数据发生器产生的可靠度增长数据还不能满足产品实际的可靠性增长情况，必须加上限制条件确保其符合实际可靠性增长情况，因此需要对随机数发生器产生的可靠性增长数据加以限制。

在引信研制过程中，初始阶段由于引信存在大量的可改进缺陷，改进也比较容易，因此可靠性增长较快。而到了研制后期，由于缺陷不易被发现和改进，因而可靠性增长速度变慢。鉴于引信可靠性增长的这个特点，在模拟随机可靠性数据序列中，可以设定约束条件 $R_i - R_{i-1} > R_{i+1} - R_i$，即前阶段增长速度比后阶段增长得快，具体模拟结果将在后面详述。

6.2.2 计算机模拟比较分析

1. 不考虑约束条件的模拟结果分析

将随机数据发生器产生的数据从小到大排列并在每一个 n（3 ~ 15）取值时，模拟了 5000 组随机数据，利用上一节中介绍的比较方法比较两种模型的平均残差平方和大小及次数，可以得到表 6－4 所列的结果。

表 6－4 模拟 5000 次平均残差平方和比较结果

随机可靠度数量/个	Gompertz – Duane/次		模拟次数/次
	$\varepsilon_C < \varepsilon_D$	$\varepsilon_C > \varepsilon_D$	
3	5000	0	5000
4	265	4735	5000
5	496	4504	5000
6	4751	249	5000

（续）

随机可靠度数量/个	Gompertz – Duane/次		模拟次数/次
	$\varepsilon_C < \varepsilon_D$	$\varepsilon_C > \varepsilon_D$	
7	2803	2197	5000
8	1168	3832	5000
9	4949	51	5000
10	4690	310	5000
11	3213	1787	5000
12	4993	7	5000
13	4974	26	5000
14	4541	459	5000
15	4995	5	5000

从表6－4可看出：

（1）当随机可靠度数量为3的整数倍时，模拟5000次后，$\varepsilon_C < \varepsilon_D$ 的次数远大于 $\varepsilon_C > \varepsilon_D$ 的次数，接近5000次。说明在这种情况下Gompertz模型对数据的拟合效果好。

（2）当随机可靠度数量为4、5个时，模拟5000次后，$\varepsilon_C > \varepsilon_D$ 的次数远大于 $\varepsilon_C < \varepsilon_D$ 的次数。说明Gompertz模型不如Duane模型对数据的拟合效果好。这是由于当采用Gompertz模型拟合时，为了使可靠度数量为3的倍数，而把前1、2个可靠度数据去掉了，使得采用Gompertz模型拟合时利用的可靠度信息减少了，而采用Duane模型拟合时则没有去掉数据，利用了全部数据的信息。

（3）当随机可靠度数量为7、8、10、11个时，$\varepsilon_C > \varepsilon_D$ 的次数与 $\varepsilon_C < \varepsilon_D$ 的次数比较接近。说明在这三种情况下，两个模型对数据的拟合效果具有模糊性，很难确定哪个模型更好。

（4）随着随机可靠度数量的增多，当其大于或等于12个时，$\varepsilon_C < \varepsilon_D$ 的次数远大于 $\varepsilon_C > \varepsilon_D$ 的次数，且数据越多趋势越明显，说明Gompertz模型随着数据增多其拟合的效果越来越好。

综上所述，Gompertz模型拟合效果在整体上比Duane模型要好，尤其是当可靠度数量为3的整数倍时，采用Gompertz模型拟合效果明显好于Duane模型。由于随机可靠度数量为7、8、10和11个时，两种模型拟合效果具有模糊性，因此在以后的研究中应尽量避免取这三种情况下的数据。当可靠度数量少于9个且不是3的整数倍时，可考虑采用Duane模型进行拟合。其余情况下均可用 Gompertz 模型进行可靠性增长数据拟合。

2. 考虑约束条件的模拟结果分析

上节研究的数据是在没有加限制条件下利用计算机随机产生的。本节模拟分析在研制过程中初始阶段引信可靠性增长较快，而到了后期阶段可靠性增长速度变慢。鉴于引信可靠性增长的这个特点，在模拟随机可靠性数据序列中，设定限制条件 $R_i - R_{i-1} > R_{i+1} - R_i$，即前阶段增长速度比后阶段增长得快，再来比较这两种模型的模拟结果。

数据组利用素数发生器并加上约束条件 $R_i - R_{i-1} > R_{i+1} - R_i$ 产生，用 C + + 编拟程序选取数据点并将其从小到大排列，即可得到可靠度在初期增长快，随着改进难度增加，可靠度增长逐渐变慢的数据组。针对 n 取值在 3 ~ 15 范围内的情况，采用计算机对每个 n 取值模拟了 5000 次随机产生的条件约束数据，比较两种模型的平均残差平方和大小可以得到表 6 –5 所列的结果。

表 6 –5　模拟 5000 次平均残差平方和比较结果

随机可靠度数量/个	Gompertz – Duane/次		模拟次数/次
	$\varepsilon_C < \varepsilon_D$	$\varepsilon_C > \varepsilon_D$	
3	5000	0	5000
4	168	4832	5000
5	485	4515	5000
6	4532	468	5000
7	2149	2851	5000
8	1712	3288	5000
9	4773	227	5000
10	4068	932	5000
11	3521	1479	5000
12	4962	38	5000
13	4995	5	5000
14	4971	29	5000
15	4987	13	5000

从表 6 –5 可以看出：

（1）当随机可靠度数量为 3 的整数倍时，模拟 5000 次后，$\varepsilon_C < \varepsilon_D$ 的次数远大于 $\varepsilon_C > \varepsilon_D$ 的次数。说明在这些情况下 Gompertz 模型对数据的拟合效果好。

（2）当随机可靠度数量为 4、5 个时，模拟 5000 次后，$\varepsilon_C > \varepsilon_D$ 的次数远

大于 $\varepsilon_C < \varepsilon_D$ 的次数。说明这些情况下 Duane 模型对数据的拟合效果好。

(3) 当随机可靠度数量为7、8、10、11个时，$\varepsilon_C > \varepsilon_D$ 的次数与 $\varepsilon_C < \varepsilon_D$ 的次数相差不悬殊。说明在这些情况下，两个模型对数据的拟合效果具有模糊性。

(4) 随着随机可靠度数量的增多，当不小于12个时，$\varepsilon_C < \varepsilon_D$ 的次数远大于 $\varepsilon_C > \varepsilon_D$ 的次数。说明 Gompertz 模型随着数据的增多其拟合效果越来越好。

综上所述，Gompertz 模型拟合效果在整体上比 Duane 模型要好。由于随机可靠度数量为7、8、10、11个时，两种模型拟合效果具有模糊性，因此在以后的研究中应尽量避免取这两种情况下的数据。当可靠度数量少于9个且不是3的整数倍时，可考虑采用 Duane 模型进行拟合。其余情况下则均可用 Gompertz 模型进行可靠性增长数据的拟合。

综合比较无约束条件和有约束条件的数据模拟结果，可以得到其共有的规律性：两种数据条件下的拟合曲线增长趋势相差不多，经过大量模拟计算得到的结论也基本一致；当随机可靠度数量为3的整数倍时，Gompertz 模型对数据的拟合较好；当随机可靠度数量为4、5个时，Duane 模型对数据的拟合效果好；当随机可靠度数量为7、8、10、11个时，两种模型拟合效果具有不确定性；当可靠度数量大于或等于12时，Gompertz 模型对数据的拟合较好，并且随着数据点的增多拟合优势越来越明显。

6.3 引信可靠性增长试验方案研究

6.3.1 引信可靠性增长试验方案概述

可靠性增长试验方案是根据试验大纲的要求制定的，制定引信的可靠性增长试验方案应包含两部分，即引信可靠性增长规划和工程阶段的引信可靠性增长试验方案。这两部分是密切联系不可分割的：可靠性增长规划对工程阶段引信试验工作进行指导；反过来，工程阶段的试验数据又能促使增长规划的及时调整，提高研制进度和效率，也便于试验进度的掌控。

引信可靠性增长规划是对可靠性的增长过程做出计划，在研制过程中按计划进行可靠性增长的各项活动，并最终按时完成规定目标。可靠性增长规划研究又属于可靠性增长管理的内容，其最主要的内容就是理想可靠性增长曲线的绘制、可靠性增长阶段目标的确定和跟踪管理三个方面。

可靠性增长规划是可靠性增长管理的依据，增长规划的制定必须建立在设计方案和其他可靠性项目规划的基础上，并在系统的总规划中进行技术、进度、资源等各个方面的协调和分配，以求得整个系统的最佳效果。

在进行可靠性增长试验之前必须制定可靠性增长试验计划。试验计划是考虑如何进行试验、确认试验结果以及改善措施的实施，获得反映措施有效性的试验数据，并制定出方案。

可靠性增长试验方案研究有两个目的：一是制定出可行的工程规划，并严格执行；二是必须在执行中及时发现各种具体问题，对规划进行合理调整，使之利于执行，以保证工程总目标的按时实现和避免浪费。

6.3.2 引信可靠性增长规划

可靠性增长规划的一项重要内容是绘制好四条曲线，即理想可靠性增长曲线、计划增长曲线、跟踪增长曲线和预测增长曲线。理想可靠性增长曲线是根据系统可靠性总目标和现实起点所做的总体规划，因此它是计划增长曲线的总体轮廓线。计划曲线中各阶段目标值的建立是否合适，以理想曲线作为控制基准。计划曲线是系统可靠性增长的详细工程规划，计划曲线中每一阶段的起点与终点都是可靠性增长分段管理的控制审查点。可靠性增长的跟踪曲线和预测曲线，则是在系统 TAAF 过程中用于与计划曲线相比较，以判断系统可靠性增长是否正常顺利。

1. 理想增长曲线的基本模型

在引信研制的工程阶段中，关键的阶段主要有设计方案评审、初样机和正样机这三个阶段。如果以这三个阶段为引信研制的主要阶段来划分，那么，根据前面增长模型的比较可以看出，采用 Gompertz 模型研究引信可靠性的增长更准确。因此，在进行引信可靠性增长规划时，选用 Gompertz 模型制定理想可靠性增长曲线。Gompertz 模型为三参数模型，在制定理想增长曲线时必须首先确定这三个参数，即可靠性增长潜力 R_P、可靠性增长起点 R_I 和可靠性增长参数 c。

对于 Gompertz 模型，理想增长曲线可表示为

$$R_i = R_P\left(\frac{R_I}{R_P}\right)^{c^{i-1}} \quad (i = 1,2,\cdots,n) \tag{6-20}$$

式中：c 为 Gompertz 模型的增长参数，c 值越小，增长率越高，增长越快。

2. 可靠性增长起点

可靠性增长起点要求产品的设计方案基本定型，不会再做大的系统性设计改动。针对引信的实际情况，可以把设计方案评审阶段作为可靠性增长的起点。因为此时的设计方案已基本确定，以后的产品改进也都是局部的，不会对整体方案做大的改动。

3. 可靠性增长潜力

可靠性增长潜力即可靠性增长所能达到的极限，理想情况下等于产品的固

有可靠度 R_{inh} ，此时，所有造成系统失效的因素都被消除，可靠性达到最高。确定引信可靠性增长潜力的关键是合理确定失效修正策略系数 K_f 和系统改进有效系数 d_f 。下面逐一讨论适合引信可靠性增长试验方案研究的这两个系数。

对于不同缺陷所引起的产品失效，可以划分为系统性失效和残余失效。系统性失效又可分为 A 类失效和 B 类失效。对于那些由于技术、成本和时间的限制，决定不对失效进行修正的系统性失效，划归为 A 类失效。其余的系统性失效划归为 B 类失效，必须进行修正。失效修正策略系数 K_f 是 B 类失效造成的产品失败概率 p_B 与所有的系统性失效造成的产品失败概率 p_S（即 A 类、B 类失效造成的产品失败概率之和）之比。在可靠性增长起始阶段，系统性失效失败概率 p_S 约等于可靠性增长起点失败概率 p_I 。因此，K_f 可表示为

$$K_f = p_B/p_S = p_B/(p_A + p_B) \approx p_B/p_I \tag{6-21}$$

综合技术和成本等因素考虑，一些系统性产品将 K_f 值定在0.85~0.95之间。但对于引信来说，由于高可靠性的要求，几乎需要百分之百地消除产品中的系统性失效，也就是所有系统性失效都划归为 B 类失效，因此 K_f 值接近于1。

在对 B 类失效进行修正的过程中，研究人员所采取的修正措施并不能百分之百地消除失效影响因素，甚至会在采取措施过程中引入新的失效，因此改进有效性就成为可靠性增长过程中必须关心的问题，而改进有效性系数 d_f 则可以对此进行描述。改进有效性系数 d_f 是指改进后被消除掉的 B 类失效概率 p_f 与改进前 B 类失效概率 p_B 之比，即

$$d_f = p_f/p_B$$

一些文献指出了系统性产品的 d_f 值在0.55~0.85之间，但这并不适合引信。引信的可靠性要求普遍超过0.9，这样高的可靠性要求决定了 d_f 值至少应该在0.9以上，只有这么高的改进有效性才能保证引信的高可靠性。

确定了可靠性增长起点失败概率 p_I 、失效修正策略系数 K_f 和改进有效性系数 d_f ，就能用下式计算出可靠性增长潜力 R_P ，即

$$R_P = 1 - (1 - d_f K_f) p_I \tag{6-22}$$

用可靠性增长起点可表示为

$$R_P = 1 - (1 - d_f K_f)(1 - R_I) = R_I + d_f K_f (1 - R_I) \tag{6-23}$$

由式（6-23）可知，当取 $K_f = 1$ ，$d_f = 1$ 时，$R_P = 1$。

在设计可靠性增长潜力时，要求计算出的 R_P 必须大于目标可靠度 R_t ；否则，产品可靠度将永远达不到目标要求。如果计算出的可靠度不能满足这一要求，应调整失效修正策略系数 K_f 和改进有效性系数 d_f ，重新设计可靠性增长潜力。

4. 可靠性增长参数

由于目前引信行业普遍未开展可靠性增长的研究工作，关于引信可靠性增

长过程这方面统计数据几乎没有。这里利用计算机模拟结果对该可靠性增长参数的取值进行研究，模拟结果见表 6－6。

表 6－6 Gompertz 模型增长参数模拟结果

可靠度数量/个	3	4	5	6
增长参数 c 平均值	0.34	0.41	0.45	0.53

从表 6－6 中可看出，增长参数随可靠度数量增多而增大，实际上这是由增长阶段增多造成的。随着增长阶段的增多，每阶段的可靠性增长必然减小，反映到增长参数上是参数值的增大。对于引信而言，若计划分三个阶段完成可靠性增长过程，则可选 Gompertz 模型的增长参数 c 在 0.34 附近，选定参数时需结合可靠性要求和可靠性起点来确定。如果需要高的增长，则须选择很小的参数，这样才能获得很高的增长率。由于引信的高可靠度要求，一般应确定比均值小的参数才能实现目标。

5. 理想增长曲线的绘制

确定了模型的三个参数，便可绘制出理想增长曲线，具体步骤如下：

（1）根据实际需要，选定用 Gompertz 模型作为引信可靠性增长模型。

（2）确定可靠性增长起点 R_I 。

（3）确定失效修正策略系数 K_f 和改进有效性系数 d_f ，利用式（6－22）计算可靠性增长潜力 R_P 。

（4）确定模型的可靠性增长参数 c。

（5）绘制理想可靠性增长曲线。

根据引信可靠性增长过程阶段划分比较简单的特点，绘制出的理想可靠性增长曲线通常可以代替计划增长曲线，因此这里不对计划增长曲线进行介绍。

6.3.3 工程阶段引信可靠性增长试验方案

产品研制阶段一般划分为战术技术指标论证、总体方案评审、工程样机阶段和设计定型四个阶段。工程样机阶段以试验为主，主要是指试样、初样、正样阶段，通过规划 TAAF 方式实现可靠性增长。工程样机阶段的可靠性增长试验方案包括试验方案具体内容、试验实施和可靠性增长跟踪等。可靠性增长试验方案应全面规划装备的可靠性试验工作，为装备开展可靠性试验提供依据。

1. 可靠性增长试验方案主要内容

1）试验目的和要求

试验目的包括此次试验主要是验证引信产品哪方面的性能，通过什么样的方式，采用什么原理来实现等。同时对试验用引信的技术状态有一定的要求。

2）试验对象和数量

原则上，研制总要求中有可靠性指标要求的产品都应进行可靠性增长试验。受试对象可以是部件、组件，也可以是引信整体。受试对象不同，试验项目也不同。数量主要是指引信试验的总数量、备用数量、每个试验项目进行试验的数量等。一般情况下，确定了试验对象，也就确定了试验用引信的数量。

3）试验项目及条件控制

针对引信产品，其静态环境试验项目主要有高/低温、安全落高、冲击振动、低气压、湿热、盐雾等，具体要求可参照 GJB 150—2009《军用装备实验室环境试验方法》。靶场试验项目主要有安全距离试验、小落角着发作用可靠性考核、小落角与大落角条件下近炸性能考核、正常空炸率与炸高（常温、高温、低温）、最大射程等，具体要求可参照研制总要求和战术技术指标要求。

4）故障报告分析与纠正

应用闭环系统收集可靠性试验期间出现的所有故障数据，分析故障发生的原因，采取纠正措施，并做好记录。事先确定好故障的判据、故障的分类等。如发生下列情况则判定产品发生故障：受试产品不能正常工作或部分功能丧失；受试产品参数检测结果超出规定范围；产品的机械、结构部件或元器件发生松动、破裂、断裂或损坏等。故障又分为关联故障、非关联故障。关联故障又分为责任故障和非责任故障。

5）试验进度安排

引信的试验进度根据静态试验和靶场试验的先后以及各部件的研制情况来统筹规划，系统安排引信每个试验项目的试验天数和试验进度，从试验对象进入试验厂区就安排好各项试验的试验节点，以便高效地组织实施试验，提高研制进度。

6）试验装置、测试设备的说明及要求

试验项目不同，试验装置、测试设备、场地要求等也不同。提前根据试验项目准备好各项测试设备和装置，保证能够准确高效地测试到引信的指标，提高工作效能。

7）数据的收集和记录要求

为得到有利于增长分析的数据，不能直接使用任意一次试验的数据，应按阶段来划分用于增长的试验数据。划分阶段的原则：采取改进措施之前的所有试验过程为一阶段，即只要不采取改进措施，无论何种试验进行多少次，均为一个阶段。有些试验项目可以综合进行靶场试验，这时试验项目的合并和成败判据应通过专家评审确定后按统一的意见实施。

可靠性增长试验方案还应包括故障处理程序、试验检测合理判据、试验过程的监测等方面，具体应根据实际情况综合考虑。

2. 可靠性增长试验方案的实施

可靠性增长试验实施分为试验前准备、试验运行和试验后总结三个阶段。试验前准备阶段主要工作包括对受试产品进行技术状态分析，编拟试验大纲、试验程序等有关文件，受试产品的安装和测试，必要时进行试验前工作评审。试验运行阶段的主要工作包括按照试验程序要求施加环境应力和组织开展现场试验，对受试产品进行性能检测和功能测试，出现故障后的故障处理、故障分类，过程中的信息记录等内容，必要时进行过程评审。试验后总结阶段主要工作包括对试验中出现的故障处理结果分析，对试验结果进行评估，编写试验报告，必要时进行试验完成情况评审。

6.4 可靠性增长跟踪管理

在产品的研制过程中，对可靠性增长进行跟踪管理需要评估每一阶段的可靠性，以进行增长模型的拟合和增长预测，判断研制进度，提高研制效率。同时，在产品定型鉴定时，也需要有产品的可靠度评估值作为是否通过评审的根据。因此，可靠性评估贯穿于可靠性增长跟踪管理过程中。

上述所研究的可靠性增长模型主要是用于对增长过程的计划、拟合和后期预测，在评定可靠性方面一般采用将增长过程各阶段试验数据折合为最终试验阶段数据的折合方法，并采用基于二项分布的阶段评估模型来评定引信在研制过程中某一阶段的可靠性，主要通过经典评估方法和贝叶斯方法进行研究。

6.4.1 引信试验数据的分布及经典评估方法

引信是一次性产品，属于成败型类型，其作用可靠性试验数据通常是成败型数据。目前主要采用计数法进行可靠性评估。成败型产品的试验数据通常利用二项分布进行处理，计数法是在这一基础上进行评估计算的，这种利用二项分布对成败型数据进行可靠性评估的方法通常也称为经典评估方法。下面对这一方法做简单介绍。

设某引信进行可靠性试验，试验产品 n 个，计失败数为 X，X 是随机变量，试验后有试验数据 (n, f)，表示试验 n 个产品中有 f 个产品试验失败，则随机变量 X 服从二项分布：

$$P(X=f)=\binom{n}{f}p^{f}(1-p)^{n-f} \tag{6-24}$$

通常，利用式（6－24）的目的是要获得参数 p（不可靠度或失败概率）的估计值，其极大似然点估计值 $\hat{p}=f/n$。GB 4087.3—1985《数据的统计处理和解释二项分布可靠度单侧置信下限》给出了计算置信水平为 $1-\alpha$ 时，p 的经典置信估计上限 $\hat{p}_U$ 的方法如下：

当 $f=0$ 时，有

$$\hat{p}_U = 1-\alpha^{\frac{1}{n}}$$

当 $1\leqslant f<n$ 时，有

$$\sum_{x=0}^{f}\begin{pmatrix} n \\ x \end{pmatrix}\hat{p}_U^{x}(1-\hat{p}_U)^{n-x}=\alpha \tag{6-25}$$

当 $f=n$ 时，有 $\hat{p}_U=1$。

当 $f=0$ 和 $f=n$ 时，容易计算求得 $\hat{p}_U$。而当 $1\leqslant f<n$ 时，则计算相对复杂一些。一般通过以下的方法求解 $\hat{p}_U$。

由于二项分布与贝塔分布有如下关系式：

$$\frac{1}{B(f+1,n-f)}\int_{\hat{p}_U}^{1} y^{f}(1-y)^{n-f-1}\mathrm{d}y=\sum_{x=0}^{f}\begin{pmatrix} n \\ x \end{pmatrix}\hat{p}_U^{x}(1-\hat{p}_U)^{n-x} \tag{6-26}$$

式中

$$B(f+1,n-f)=\int_{0}^{1}y^{f}(1-y)^{n-f-1}\mathrm{d}y。$$

因此，可得

$$\hat{p}_U=\mathrm{Beta}_{1-\alpha}(f+1,n-f) \tag{6-27}$$

式中：$\mathrm{Beta}_{1-\alpha}(f+1,n-f)$ 为 $\mathrm{Beta}(f+1,n-f)$ 的 $1-\alpha$ 下侧分位数。

而贝塔分布分位数与 F 分布分位数又有以下关系式：

$$\mathrm{Beta}_{1-\alpha}(k_1,k_2)=\left(1+\frac{k_2}{k_1}F^{-1}_{2k_1,2k_2;1-\alpha}\right)^{-1} \tag{6-28}$$

则由式（6－27）和式（6－28）可推出 $\hat{p}_U$ 用 F 分布表示的求解公式：

$$\hat{p}_U=\left(1+\frac{n-f}{f+1}F^{-1}_{2f+2,2n-2f;1-\alpha}\right)^{-1} \tag{6-29}$$

式中：自由度为 $(2f+2, 2n-2f)$、置信水平为 $1-\alpha$ 的 F 分布分位数可通过查 F 分布分位数表获得。

实际上，要求的是置信水平 $1-\alpha$ 下的可靠度估计下限 $\hat{R}_L$，由式（6-29）计算出不可靠度上限 $\hat{p}_U$ 后，作用可靠度的经典估计下限值为

$$\hat{R}_L = 1 - \hat{p}_U = 1 - \left(1 + \frac{n-f}{f+1}F^{-1}_{2f+2,2n-2f;1-\alpha}\right)^{-1} \tag{6-30}$$

由于以上介绍的方法仅利用了当前阶段的试验数据，当试验数量较少时，就存在可靠性估计不足的问题。因此，最好是能充分利用可靠性增长过程中各阶段的试验信息，从而使最终估计结果更符合产品的真实情况。

6.4.2 可靠性增长的阶段信息折合及经典估计

1. 阶段试验信息折合因子

可靠性增长过程中，为了发现产品在性能或可靠性方面所存在的缺陷，通常需要做许多性能试验和可靠性试验，以便有针对性地提出改进措施，提高性能和可靠性。由于产品处于改进过程中，在不同阶段所做的试验有不同的试验数据。为了充分利用所有阶段的试验数据，田国梁给出了阶段信息折合因子的概念，并提出了一种将前面阶段试验数据都折合为末阶段试验数据的方法。其方法是：设有 m 个阶段的试验数据，将前面 1～（$m-1$）阶段的试验量折合成需要评估的第 m 阶段的试验量，保持各阶段失效数不变，最后利用二项分布对各阶段累加起来的试验数据进行计算。田国梁还给出了折合因子的置信水平为 $1-\alpha$ 的置信下限，目的是使折合因子的取值更保守。这种折合方法实际上是保持失效数不变，而按比例放大了试验量。另外一种折合方法，也可以保持各阶段试验量不变，对失效数进行折合。

设产品的研制规划为 m 个阶段，其可靠性随研制阶段不断增长，即有

$$1 \geqslant p_1 > p_2 > \cdots > p_i > \cdots > p_m > 0 \tag{6-31}$$

式中：p_i 为产品在第 i 阶段试验时的失败概率。

式（6-31）是下面贝叶斯估计的约束条件。若第 i 阶段有试验数据（n_i，f_i），则可由式（6-29）求得 p_i（p_i 为失败概率估计上限）。

折合因子的定义：阶段 i 对阶段 m 的信息折合因子 $C_{i,m}$ 等于两阶段中产品试验的失败概率之比，即

$$C_{i,m}=p_i/p_m \quad (i=1,\ 2,\ \cdots,\ m) \tag{6-32}$$

从式（6－31）可知，$C_{i,m}$为大于或等于1的实数。

若利用该折合因子对阶段试验的失效数据进行折合，而保持试验量不变，则当试验阶段 i 的试验数据为(n_i, f_i)时，将其折合为阶段 m 的试验数据为$(n_i, f_i/C_{i,m})$。令 $D_{i,m}=1/C_{i,m}$，则折合后的试验数据表示为$(n_i, D_{i,m}f_i)$，在后面均以 $D_{i,m}$ 表示折合因子的倒数。

从以上的折合因子定义可知，折合因子的物理意义在于：在第 i 阶段试验时，试验 n_i 个，失败 f_i 个，经过查找失败原因，发现产品有 f_i 种失效模式或产品的某些性能达不到技术指标规定量的有 f_i 个产品。经过对产品进行改进，到第 m 阶段时，在 n_i 个试验产品中，只有 $D_{i,m}f_i$ 种失效模式或产品某些性能达不到技术指标规定量的只有 $D_{i,m}f_i$ 个。而其他$(1-D_{i,m})f_i$种失效模式或$(1-D_{i,m})f_i$个产品获得了改进达到了第 m 阶段的要求。

2. 利用折合信息的经典估计

从以上的分析看，当将前 $m-1$ 个阶段的试验数据都折合为第 m 阶段的信息时，总的试验数据为$\left(\sum_{i=1}^{m} n_i,\ \sum_{i=1}^{m} D_{i,m}f_i\right)$。若令

$$n^t=\sum_{i=1}^{m} n_i,\ f^t=\sum_{i=1}^{m} D_{im}f_i$$

则由式（6－30）可得包含了 m 个阶段试验信息的第 m 阶段时产品的经典可靠性置信下限 $\hat{R}_L$，即

$$\hat{R}_L=1-\left(1+\frac{n^t-f^t}{f^t+1}F^{-1}_{2f^t+2,2n^t-2f^t;1-\alpha}\right)^{-1} \tag{6-33}$$

由于式中 f^t 不一定是整数，因此 F 分布为广义 F 分布。与式（6－30）有区别，其值可通过查 F 分布表并进行插值计算获得，或利用 Paulson－Takeuchi 近似方法进行计算，计算公式为

$$F^{-1}_{2f^t+2,2n^t-2f^t;1-\alpha}=\left[\frac{(1-a)(1-b)+u_{1-\alpha}\sqrt{(1-a)^2b+a(1-b)^2-abu^2_{1-\alpha}}}{(1-b)^2-bu^2_{1-\alpha}}\right]^3$$

式中：$u_{1-\alpha}$ 为标准正态分布的 $1-\alpha$ 分位数；而 a、b 可表示为

$$a=\frac{1}{9(f^t+1)},\ b=\frac{1}{9(n^t-f^t)}$$

6.4.3 利用增长试验数据的贝叶斯可靠性评估方法

1. 不考虑增长过程的单阶段试验贝叶斯可靠性评估方法

从上述可知，单阶段引信可靠性试验失败数 X 服从二项分布，如式（6-24）所示。其失败概率 p 也服从某一分布，若 p 具有先验分布 $\pi(p)$，现有试验数据 (n, f)，则根据贝叶斯定理可得 p 的后验分布为

$$h(p \mid f,n-f) = \frac{\pi(p)\binom{n}{f}p^f(1-p)^{n-f}}{\int_0^1 \pi(p)\binom{n}{f}p^f(1-p)^{n-f}\mathrm{d}p} \tag{6-34}$$

对于先验分布的选取已有许多方法和原则，如贝叶斯假设、共轭分布法、杰弗莱原则、最大熵原则和不变测度原则等，具体采用何种分布需根据实际情况来确定。对于二项分布中 p 的先验分布的选取，从已有文献看，基本上是采用共轭分布法来求取的。二项分布中 p 的共轭先验分布是贝塔分布，其参数为 (a, b) 的分布密度函数为

$$\pi(p) = \mathrm{Beta}(p \mid a,b) = \frac{p^{a-1}(1-p)^{b-1}}{\mathrm{B}(a,b)} \quad (0 \leqslant p \leqslant 1; a,b \geqslant 0) \tag{6-35}$$

式中

$$\mathrm{B}(a,b) = \int_0^1 p^{a-1}(1-p)^{b-1}\mathrm{d}p$$

将式（6-35）代入式（6-34）可得 p 的后验分布为

$$h(p \mid f,n-f) = \frac{p^{a+f-1}(1-p)^{b+n-f-1}}{\int_0^1 p^{a+f-1}(1-p)^{b+n-f-1}\mathrm{d}p} = \mathrm{Beta}(p \mid a+f, b+n-f) \tag{6-36}$$

关于先验分布中 a、b 的取值：若在该阶段之前有可利用的数据，则可根据以前信息对 a、b 取值；若在此之前未对此产品做过任何试验，则可按无信息先验密度取值。对于引信等成败型产品，无信息先验密度函数的 a、b 通常有以下四种取法：

（1）$a=1$，$b=1$，$\pi(p) = \mathrm{Beta}(p \mid 1,1) = 1$，即贝叶斯假设。

（2）$a=0$，$b=0$，即

$$\pi(p) = \mathrm{Beta}(p \mid 0,0) \propto p^{-1}(1-p)^{-1}$$

用 Reformulation 方法和林德莱（Lindley）原则可得到此结果，该取值的工程意义非常明显，即表示在此之前没有任何试验信息。

（3）$a=1/2$，$b=1/2$，即

$$\pi(p) = \mathrm{Beta}\left(p \mid \frac{1}{2},\frac{1}{2}\right) \propto p^{-\frac{1}{2}}(1-p)^{-\frac{1}{2}}$$

可见，这是根据最大熵原则确定的先验分布。

（4）$a=1$，$b=0$，即

$$\pi(p) = \mathrm{Beta}(p \mid 1,0) = \frac{1}{1-p}$$

此先验分布取值的意义在于假设产品研制的最初可靠性为0，是一种很保守的取值方法。

数值例将分别对这四种取值条件下的可靠度进行估计，并对不同条件下的结果进行比较，分析得出结论。

由先验分布和当前试验数据得出后验分布，即式（6－36），对于置信水平$1-\alpha$下的估计上限$\hat{p}_{\mathrm{U}}$，有方程

$$\mathrm{I}(p \mid a+f, b+n-f) = \frac{\int_{\hat{p}_{\mathrm{U}}}^{1} p^{a+f-1}(1-p)^{b+n-f-1}\mathrm{d}p}{\int_{0}^{1} p^{a+f-1}(1-p)^{b+n-f-1}\mathrm{d}p} = \alpha \qquad (6-37)$$

该方程同样可由式（6－26）、式（6－28）和式（6－29）求解，即

$$\hat{p}_{\mathrm{U}} = \left(1 + \frac{n-f}{f+1}F^{-1}_{2(a+f),2(b+n-f);1-\alpha}\right)^{-1} \qquad (6-38)$$

该解在 a、b 取不同的值时会得到不同的结果，具体的取值和计算也将在数值例中进行讨论。

2. 不经阶段试验信息折合的增长试验的贝叶斯评估方法

对于一个有 m 个阶段试验的可靠性增长过程，需要评估的是产品在第 m 阶段达到的可靠性。由于第 m 阶段的不可靠度 p_m 有式（6－31）的约束，因此不能按上述介绍的方法得到其后验分布，必须通过（p_1，p_2，…，p_m）的联合后验分布来推导 p_m 的后验分布。

由前述知，p_i 服从参数为 a_i、b_i 的 Beta 分布，根据 Smith 和陈世基的理论，可设（p_1，p_2，…，p_m）的联合先验分布为

$$\pi(p_1,p_2,\cdots,p_m) = \frac{\prod_{i=1}^{m} p_i^{a_i-1}(1-p_i)^{b_i-1}}{\int_{\Omega}\prod_{i=1}^{m} p_i^{a_i-1}(1-p_i)^{b_i-1}\mathrm{d}p_1\mathrm{d}p_2\cdots\mathrm{d}p_m} \qquad (6-39)$$

式中

$$\Omega = \{p_1, p_2, \cdots, p_m \mid (1 \geqslant p_1 > p_2 > \cdots > p_m > 0)\}$$

为了便于书写和讨论，令 $\pi_i(p_i) = p_i^{a_i-1}(1-p_i)^{b_i-1}$。从式（6－39）知，$\pi_i(p_i)$ 不是 p_i 的先验分布。对于其中的参数 a_i、b_i：当 $i=1$ 时，即第一阶段，由于在此之前没进行过任何试验，没有相应的验前信息，此时可按前述的无信息先验分布的方法对 a_1 和 b_1 进行取值。当 $i \geqslant 2$ 时，即从第二阶段开始，每阶段都有前一阶段的试验信息可以利用，若前一阶段试验数据为（n_{i-1}，f_{i-1}），（$i=2$，…，m），此时 a_i、b_i 的取值可按如下方法确定：

$$\begin{cases} a_i = a_{i-1} + f_{i-1} \\ b_i = b_{i-1} + n_{i-1} - f_{i-1} \end{cases} \tag{6-40}$$

若有 m 个阶段的试验数据（n_i，f_i）（$i=1$，2，…，m），服从二项分布，则可得（n_i，f_i）的联合似然函数为

$$L((n_i,f_i), i = 1 \to m \mid p_1,p_2,\cdots,p_m) = \prod_{i=1}^{m} \binom{n_i}{f_i} p_i^{f_i}(1-p_i)^{n_i-f_i} \tag{6-41}$$

则根据贝叶斯定理，由式（6－39）和式（6－41）可得（p_1，p_2，…，p_m）的联合后验密度为

$$\begin{aligned} & h(p_1,p_2,\cdots p_m \mid (n_i,f_i), i = 1 \to m) \\ &= \frac{\pi(p_1,p_2,\cdots,p_m) \cdot L((n_i,f_i), i = 1 \to m \mid p_1,p_2,\cdots,p_m)}{\int_0^1 \pi(p_1,p_2,\cdots,p_m) \cdot L((n_i,f_i), i = 1 \to m \mid p_1,p_2,\cdots,p_m)\,\mathrm{d}p_m} \\ &= \frac{\prod_{i=1}^{m} p_i^{a_i+f_i-1}(1-p_i)^{b_i+n_i-f_i-1}}{\int_0^1\int_{p_m}^1 \cdots, \int_{p_3}^1\int_{p_2}^1 \prod_{i=1}^{m} p_i^{a_i+f_i-1}(1-p_i)^{b_i+n_i-f_i-1}\,\mathrm{d}p_1\mathrm{d}p_2\cdots\mathrm{d}p_m} \\ &= \frac{1}{Z} \cdot \prod_{i=1}^{m} p_i^{a_i+f_i-1}(1-p_i)^{b_i+n_i-f_i-1} \end{aligned} \tag{6-42}$$

式中

$$Z = \int_0^1\int_{p_m}^1 \cdots \int_{p_3}^1\int_{p_2}^1 \prod_{i=1}^{m} p_i^{a_i+f_i-1}(1-p_i)^{b_i+n_i-f_i-1}\,\mathrm{d}p_1\mathrm{d}p_2\cdots\mathrm{d}p_m$$

对式（6－42）中的 p_1，p_2，…，p_{m-1} 积分，可得 p_m 的边缘后验密度函数为

$$h(p_m \mid (n_i,f_i), i = 1 \to m)$$

$$= \frac{1}{Z}\int_{p_m}^{1}\cdots\int_{p_3}^{1}\int_{p_2}^{1}\prod_{i=1}^{m} p_i^{a_i+f_i-1}(1-p_i)^{b_i+n_i-f_i-1}\mathrm{d}p_1\mathrm{d}p_2\cdots\mathrm{d}p_{m-1} \qquad (6-43)$$

以 $\hat{p}_{mU}$ 表示 p_m 的估计上限，则置信水平为 $1-\alpha$ 的 $\hat{p}_{mU}$ 可由下式求解，即

$$\int_{\hat{p}_{mu}}^{1} h(p_m \mid (n_i,f_i), i=1\rightarrow m)\mathrm{d}p_m = \alpha \qquad (6-44)$$

对式（6－43）可根据式（6－26）将它转化为二项分布累积和的形式以便于计算。具体推导如下：

为便于书写，首先令

$$f_{(i)} = a_i + f_i + k_{i-1}$$

$$s_{(i)} = b_i + n_i - f_i + g_{i-1} - k_{i-1}$$

$$g_i = a_i + b_i + n_i + g_{i-1} - 1$$

式中：$k_0=0$；$g_0=0$。

当 $i=1$ 时，有

$$\int_{p_2}^{1} p_1^{a_1+f_1-1}(1-p_1)^{b_1+n_1-f_1-1}\mathrm{d}p_1$$

$$= \mathrm{B}(a_1+f_1, b_1+n_1-f_1)\sum_{k_1=0}^{a_1+f_1-1}\binom{a_1+b_1+n_1-f_1-1}{k_1}p_2^{k_1}(1-p_2)^{a_1+b_1+n_1-1-k_1}$$

$$= \mathrm{B}(f_{(1)}, s_{(1)})\sum_{k_1=0}^{f_{(1)}-1}\binom{g_1}{k_1}p_2^{k_1}(1-p_2)^{g_1-k_1}$$

当 $i=2$ 时，有

$$\int_{p_3}^{1} p_2^{a_2+f_2-1}(1-p_2)^{b_2+n_2-f_2-1}\mathrm{B}(f_{(1)}, s_{(1)})\sum_{k_1=0}^{f_{(1)}-1}\binom{g_1}{k_1}p_2^{k_1}(1-p_2)^{g_1-k_1}\mathrm{d}p_2$$

$$= \mathrm{B}(f_{(1)}, s_{(1)})\sum_{k_1=0}^{f_{(1)}-1}\sum_{k_2=0}^{f_{(2)}-1}\binom{g_1}{k_1}\binom{g_2}{k_2}\mathrm{B}(f_{(2)}, s_{(2)})p_3^{k_2}(1-p_3)^{g_2-k_2}$$

归纳可得

$$Z = \sum_{k_1=0}^{f_{(1)}-1}\sum_{k_2=0}^{f_{(2)}-1}\cdots\sum_{k_{m-1}=0}^{f_{(m-1)}-1}\prod_{i=1}^{m-1}\binom{g_i}{k_i}\mathrm{B}(f_{(i)}, s_{(i)})\cdot \mathrm{B}(f_{(m)}, s_{(m)})$$

根据以上变化，式（6－43）表示为

$$h(p_m \mid (n_i,f_i), i=1\rightarrow m)$$

$$= \frac{1}{Z}\sum_{k_1=0}^{f_{(1)}-1}\sum_{k_2=0}^{f_{(2)}-1}\cdots\sum_{k_{m-1}=0}^{f_{(m-1)}-1}\prod_{i=1}^{m-1}\binom{g_i}{k_i}\mathrm{B}(f_{(i)}, s_{(i)})\cdot p_m^{a_m+f_m+k_{m-1}-1}(1-p_m)^{b_m+n_m-f_m+g_{m-1}-k_{m-1}-1} \qquad (6-45)$$

式（6－44）可表示为

$$
\begin{aligned}
&\int_{\hat{p}_{mU}}^{1} h(p_m \mid (n_i, f_i), i = 1 \to m)\,\mathrm{d}p_m \\
&= \frac{1}{Z}\int_{\hat{p}_{mU}}^{1} \sum_{k_1=0}^{f_{(1)}-1}\sum_{k_2=0}^{f_{(2)}-1}\cdots\sum_{k_{m-1}=0}^{f_{(m-1)}-1}\prod_{i=1}^{m-1}\binom{g_i}{k_i}\mathrm{B}(f_{(i)}, s_{(i)})\,p_m^{f_{(m)}-1}(1-p_m)^{s_{(m)}-1}\mathrm{d}p_m \\
&= \frac{\displaystyle\sum_{k_1=0}^{f_{(1)}-1}\sum_{k_2=0}^{f_{(2)}-1}\cdots\sum_{k_{m-1}=0}^{f_{(m-1)}-1}\prod_{i=1}^{m-1}\binom{g_i}{k_i}\mathrm{B}(f_{(i)}, s_{(i)})\,I_{\hat{p}_{mu}}(f_{(m)}, s_{(m)})}{\displaystyle\sum_{k_1=0}^{f_{(1)}-1}\sum_{k_2=0}^{f_{(2)}-1}\cdots\sum_{k_{m-1}=0}^{f_{(m-1)}-1}\prod_{i=1}^{m-1}\binom{g_i}{k_i}\mathrm{B}(f_{(i)}, s_{(i)})} \\
&= \alpha
\end{aligned}
\tag{6-46}
$$

式（6-46）中的 $I_{\hat{p}_{mU}}(f_{(m)}, s_{(m)})$ 是不完全 Beta 函数，即

$$
I_{\hat{p}_{mU}}(f_{(m)}, s_{(m)}) = \frac{1}{B(f_{(m)}, s_{(m)})}\int_{\hat{p}_{mU}}^{1} p_m^{f_{(m)}-1}(1-p_m)^{s_{(m)}-1}\mathrm{d}p_m
$$

利用式（6-46）即可求解置信水平为 $1-\alpha$ 时的 p_m 的估计上限 $\hat{p}_{mU}$，可编写软件进行不同试验数据的阶段可靠度估计。

3. 利用折合信息的增长试验的贝叶斯评估方法

由 6.4.2 节可知，对于有 m 个阶段的可靠性增长试验数据（n_i，f_i）（$i=1$，2，…，m），阶段 i 的试验数据（n_i，f_i）可通过阶段信息折合方法将其折合为等效于阶段 m 的试验数据。若用折合因子 $D_{i,m}$ 进行折合，则折合后为（n_i，$D_{i,m}f_i$）。对于折合后的试验数据，同样可采用上述的贝叶斯方法对第 m 阶段的可靠性进行评估。

可把前 $m-1$ 个阶段经折合后的试验数据视为先验信息，即通过累加前 $m-1$ 个阶段折合后的试验数据确定 Beta 先验分布中参数 a、b 的值，可得

$$
a = \sum_{i=1}^{m-1} D_{i,m} f_i,\ b = \sum_{i=1}^{m-1} n_i - \sum_{i=1}^{m-1} D_{i,m} f_i \tag{6-47}
$$

当前试验数据（n，f）即为第 m 阶段的试验数据，即

$$
n = n_m, f = f_m
$$

则通过式（6-37）和式（6-38），可求得置信水平为 $1-\alpha$ 时的 P_m 的上限 P_{mU}。

6.4.4 数值例

某高价值引信处于研制的第三阶段，研制过程中进行过两次改进，三个阶

段的可靠性试验数据依次分别为（15，8）、（25，3）、（50，2）。本例中取置信水平 $1-\alpha=0.9$ 估算该引信在第三阶段的可靠度。

为方便叙述，利用第三阶段试验数据的经典评估方法为方法Ⅰ，评估出的可靠度记为 $\hat{R}_{mL,1}$；利用折合信息累加和数据的经典评估方法为方法Ⅱ，可靠度记为 $\hat{R}_{mL,2}$；利用第三阶段试验数据的贝叶斯评估方法为方法Ⅲ，可靠度记为 $\hat{R}_{mL,3}$；利用了三个阶段试验数据的贝叶斯评估方法为方法Ⅳ，可靠度记为 $\hat{R}_{mL,4}$；利用三个阶段折合数据的贝叶斯评估方法为方法Ⅴ，可靠度记为 $\hat{R}_{mL,5}$。下面将依次用以上方法对此例进行计算，并对结果进行比较和分析。

1. 方法Ⅰ

利用式（6－29）计算各阶段经典失败概率上限分别为

$$\hat{p}_{1U}=\frac{1}{1+\frac{15-8}{8+1}F^{-1}_{18,14,0.9}}=0.7175$$

$$\hat{p}_{2U}=\frac{1}{1+\frac{25-3}{3+1}F^{-1}_{8,44,0.9}}=0.248$$

$$\hat{p}_{3U}=\frac{1}{1+\frac{50-2}{2+1}F^{-1}_{6,96,0.9}}=0.1025$$

可见，用方法Ⅰ评估出的第三阶段的可靠度下限 $\hat{R}_{3L,1}=1-\hat{p}_{3U}=0.8975$。而计算第一、二阶段失败概率的目的是要计算它们相对于第三阶段的折合因子。

2. 方法Ⅱ

下面求第一阶段和第二阶段相对于第三阶段的折合因子和折合数据：

$$D_{1,3}=p_{3U}/p_{1U}=0.1025/0.7175=0.1429,\ f_1^t=0.1429\times 8=1.1429$$

$$D_{2,3}=p_{3U}/p_{2U}=0.1025/0.248=0.4133,\ f_2^t=0.4133\times 3=1.2399$$

即得折合后三个阶段试验数据分别为（15，1.1429）、（25，1.2399）、（50，2）。

将折合三个阶段的数据累加，得折合后第三阶段总的试验数据为（15＋25＋50，1.1429＋1.2399＋2）＝（90，4.3828）。此时可利用式（6－33）估计出第三阶段的可靠度下限为

$$\hat{R}_{3L,2}=1-\frac{1}{1+\frac{90-4.3828}{4.3828+1}F^{-1}_{10.7656,171.2344,0.9}}$$

$$= 1 - \frac{1}{1 + \frac{85.6172}{5.3828} \times \frac{1}{1.5987}} = 0.9087$$

由于自由度不是整数，因此计算中采用了 Paulson – Takeuchi 近似方法进行 F 分布的 $1-\alpha$ 分位数计算。

3. **方法Ⅲ**

由式（6 – 38）可计算不考虑增长过程时第三阶段试验的可靠度贝叶斯估计下限，此时式（6 – 38）中的 $n=50$，$f=2$。对于先验分布中的 a、b 分别取如下值并计算 $\hat{R}_{mL,3}$：

（1）$a=1$，$b=1$ 时，即先验分布为贝叶斯假设，$\hat{R}_{mL,3}=0.8988$。

（2）$a=0$，$b=0$ 时，$\hat{R}_{mL,3}=0.9228$。

（3）$a=1/2$，$b=1/2$ 时，$\hat{R}_{mL,3}=0.9103$。

（4）$a=1$，$b=0$ 时，$\hat{R}_{mL,3}=0.8914$。

从以上 a、b 取不同值的估计结果看，结果之间相差较大。可见，a、b 的取值对评估结果的影响较大。

4. **方法Ⅳ**

在增长过程中不进行阶段信息折合时，由式（6 – 46）可计算产品在第三阶段时不可靠度贝叶斯估计上限，根据第一阶段先验分布中 a_1、b_1 的不同取值，计算结果也有所不同。利用计算机程序算得的结果如下：

（1）$a_1=1$，$b_1=1$ 时，$\hat{R}_{mL,4}=0.7549$。

（2）$a_1=0$，$b_1=0$ 时，$\hat{R}_{mL,4}=0.7588$。

（3）$a_1=1/2$，$b_1=1/2$ 时，$\hat{R}_{mL,4}=0.7568$。

（4）$a_1=1$，$b_1=0$ 时，$\hat{R}_{mL,4}=0.7429$。

从以上结果看，估计出的可靠度结果均比不考虑增长过程的经典估计低很多。说明这一方法在不利用折合信息时得出的结果并不能反映产品的真实可靠度。其原因是在第三阶段利用了前两阶段可靠度很低时的信息。

5. **方法Ⅴ**

对于方法Ⅱ中折合后的试验数据（15，1.1429）、（25，1.2399）、（50，2），现用贝叶斯方法进行可靠度的下限估计。利用式（6 – 47）可得

$$a=2.3828,\ b=37.6172$$

又

$$n=50,\ f=2$$

利用式（6 – 37）或式（6 – 38）可求得

$$\hat{P}_{mU}=0.07905$$

则 $\hat{R}_{mL,5}=0.92095$。

6. 数值例计算结果比较与分析

用以上五种计算方法估计出的该引信可靠性增长过程的第三阶段可靠度下限估计值列于表 6 – 7。

表 6 – 7　五种方法的可靠性增长末阶段可靠性评估结果

评估方法	方法Ⅰ	方法Ⅱ	方法Ⅲ				方法Ⅳ				方法Ⅴ
			$a=1$, $b=0$	$a=1$, $b=1$	$a=1/2$, $b=1/2$	$a=0$, $b=0$	$a_1=1$, $b_1=0$	$a_1=1$, $b_1=1$	$a_1=1/2$, $b_1=1/2$	$a_1=0$, $b_1=0$	
可靠度	0.8975	0.9087	0.8914	0.8988	0.9103	0.9228	0.7429	0.7549	0.7568	0.7588	0.92095

对表 6 – 7 的结果进行分析可得如下结论：

（1）同样是经典估计方法，方法Ⅱ评估出的可靠度略高于方法Ⅰ评估出的可靠度。究其原因是：方法Ⅱ利用了经过折合后的所有阶段的累加和数据，也就是说利用的试验信息上多于方法Ⅰ，其结果也更符合产品的实际情况。

（2）利用贝叶斯评估的三种方法中，方法Ⅳ（不经折合的增长过程贝叶斯可靠度评估方法）评估出的可靠度远低于另外两方法，同时也低于经典评估方法。由该方法评估出的可靠度不能真实反映该产品在第三阶段达到的可靠度，结果过于保守。

（3）方法Ⅲ的评估结果中，先验分布的 a、b 均取 0 值时，估计出的可靠度是最高的。对此的理解是，当 $a=0$，$b=0$ 时，表示在此之前未有任何试验信息，失败数和成功数均为 0，而其他三种取值方法中，虽然都是无信息先验分布的取值，但实际上 a 所取的值表示有试验失败的信息。因此这三种条件下评估出的可靠度值均低于 $a=0$，$b=0$ 时评估出的可靠度值。

（4）方法Ⅴ所评估出的可靠度是所有方法中最高的。这是由于方法Ⅴ中利用了数据折合方法，折合后的各个阶段数据视为末阶段试验的先验信息，这样就等于扩大了末阶段的信息量，从而使整个增长过程的评估结果高于未经折合评估出的结果。由此方法评估出的结果相对于经典评估方法来说更不保守一些，对评估产品在研制中实际达到的可靠度具有参考作用。

参考文献

[1] 周平，牟洪刚，刘勇，等. 机电引信串联和并联模型可靠性评估方法［J］. 探测与控制学报，

2009, 31 (6): 51 -54.
[2] 王炜, 蔡瑞娇, 焦清介. 制导弹药可靠性评定方法的研究 [J]. 兵工学报, 2007, 28 (7): 41 -45.
[3] 王军波, 王玮, 常悦. 高价值弹药引信小子样贝叶斯可靠性评估方法 [J]. 探测与控制学报, 2009, 31 (1): 57 -60.
[4] Crow L H. Estimation procedures for the Duane model [R]. ADAO19372, 1972: 32 -44.
[5] Crow L H. AMSAA reliability growth symposium [R]. ADA027053, 1974.
[6] Crow L H. Confidence interval procedures for the Weibull process with applications to reliability growth [J]. Technometrics, 1982, 24 (1): 67 -72.
[7] Patterson Do. The navy and reliability growth: a paradox at best [C]. Institute of environmental science. Ed: Reliability growth processes and management, 1988 reliability growth conference, Illinois, 1988: 53 -56.
[8] 周延昆. 可靠性增长模型的统计分析 [J]. 运筹学杂志, 1984, 3 (2): 23 -30.
[9] 周源泉. 多台系统同步开发的可靠性增长 [J]. 应用数学和力学, 1986, 7 (9): 831 -837.
[10] 周源泉. 阿里安运载火箭的可靠性增长分析 [J]. 导航与航天运载技术, 2000 (5): 22 -30.
[11] 王华伟. 液体火箭发动机可靠性增长分析模型研究 [J]. 兵工学报, 2005, 26 (2): 220 -223.
[12] 张军科, 李长福, 冯欣. 成败型产品可靠性增长模型研究 [J]. 质量与可靠性, 2002 (6), 67 -88.
[13] 李长福. Gompertz 可靠性增长模型在 D12 引信中的应用 [J]. 现代引信, 1995 (4): 46 -53.
[14] 李宁, 任翼翔, 夏三保. 机电引信可靠性增长试验方法 [J]. 兵工自动化, 2009, 28 (8): 40 -42.
[15] 周正茂. 火工品可靠性评定方法 [J]. 导弹火工技术, 1983 (1): 1.
[16] 刘宝光. 可靠性评定与敏感度数据 [C]. 兵工学会第三届年会论文集. 西安: 中国兵工学会火工烟火专业委员会, 1993: 312 -329.
[17] 周源泉, 翁朝曦. 关于一次性使用产品可靠性增长管理办法的探讨 [J]. 系统工程与电子技术, 1993, 15 (8): 75 -79.
[18] 宋保维, 徐德民. 鱼雷产品的可靠性增长设计 [J]. 机械科学与技术, 1997, 16 (2): 235 -239.
[19] 章敬东, 王振邦. 可靠性增长设计在导弹系统中的应用 [J]. 系统工程与电子技术, 1996 (3): 76 -80.
[20] GJB1407—92. 可靠性增长试验 [S]. 北京: 国防科学技术工业委员会, 1992.
[21] 梅文华. 可靠性增长试验 [M]. 北京: 国防工业出版社, 2003.
[22] 朱曦全. 航天产品的可靠性增长试验方法 [J]. 导弹与航天运载技术, 2006 (1): 58 -61.
[23] 梅文华, 郭月娥, 杨义先. AMSAA - BISE 可靠性增长模型不能成立 [J]. 应用数学和力学, 2001, 22 (7): 758 -762.
[24] GJB277—1995. 可靠性增长管理手册 [S]. 北京: 国防科学技术工业委员会, 1995.
[25] 田开让. 有效的可靠性增长管理技术 [J]. 电子产品可靠性与环境试验, 2001 (1): 20 -24.
[26] 王建刚. 可靠性增长—可靠性研制试验和可靠性增长试验及其相互关系分析 [J]. 航空标准化与质量, 2005 (5): 36 -40.
[27] 杜振华. 研制阶段产品可靠性综合评估技术研究 [D]. 北京: 北京航空航天大学, 2003.
[28] Crow L H. Estimation Procedures for the Duane Model. In: AMSAA Reliability Growth Symposium [J]. Aberdeen Proving Ground, MD., 1972: 31 -44

[29] Barlow R E, Proschan F, Scheuer E M. MLE and Conservative Confidence Interval Procedures in Reliability Growth and Debugging Problems [R]. Report RM-4749-NASA. Rand Corporation, Santa Monica. CA, 1966.

[30] Virene E P. Reliability Growth and Its Upper Limits [C]. In: Proc. 1968 Annual Symposium on Reliability. Boston, Mass: 25-30.

[31] Barlow R E, Scheuer E M. Reliability Growth During a Development Testing Program [J]. Technometrics, 1966, 8 (1): 53-60.

[32] Singpurwalla N D. Estimating reliability growth (or deterioration) using time series analysis [J]. Naval Research Logistics Quarterly, 1978, 25 (1): 1-14.

[33] 梅文华，郭月娥，张鸿元. 可靠性增长模型与标准 [C]. 中国电子学会第五届青年学术年会论文集. 北京：电子工业出版社，1999.

[34] GJB 1407—92. 可靠性增长试验 [S]. 北京：国防科学技术工业委员会，1992.

[35] Broemm W J, Ellner P M, Woodworth W J. AMSAA reliability growth guide [R]. ARMY Materiel Systems Analysis Activityaberdeen Proving Ground MD, 2000.

[36] 宋保维，徐德民. 鱼雷产品的可靠性增长设计 [J]. 机械科学与技术，1997，16 (2): 235-239.

[37] Smith A F M. A Bayesian note on reliability growth during a development testing program [J]. IEEE Transaction on Reliability, 1977, 26 (5): 346-347.

[38] Fard N S, Dietrich D L. A Bayes reliability growth model for a development testing program [J]. IEEE Transaction on Reliability, 1987, 36 (5): 568-571.

[39] 邱玉生. 成败型产品可靠性增长评定 [J]. 固体火箭技术，1994，17 (3): 17-21.

[40] 冯蕴雯，冯元生. 极小子样高可靠性成败型产品试验的贝叶斯评估方法研究 [J]. 机械科学与技术，1999，18 (2): 198-200.

[41] 田国梁. 二项分布的可靠性增长模型 [J]. 宇航学报，1992 (1): 55-61.

[42] 周源泉. 质量可靠性增长与评定方法 [M]. 北京：北京航空航天大学出版社，1997.

[43] Box G E P, Tiao G C. Bayesian Inference in Statistical Analysis [M]. MA: Addison-Wesley Reading, 1973.

[44] Duran Benjamin S, Booker Jane M. A Bayes sensitivity analysis when using the beta distribution as a prior [J]. IEEE Transaction on Reliability, 1988, 37 (2): 69-77.

[45] 顾敏. 研制过程贝叶斯可靠性增长模型 [J]. 系统工程与电子技术，1989 (12): 25-31.

[46] 顾敏. 贝塔验前分布参数对成败型产品贝叶斯可靠性增长评定的影响 [C]. 第三届国际可靠性、维修性、安全性会议论文集. 北京：电子工业出版社，1996: 320-325.

[47] 曹建华，蔡瑞娇，董海平. 高价值火工品可靠性增长评定方法研究 [J]. 含能材料，2004，12 (3): 151-154.

[48] 蔡瑞娇，曹建华. 火工品可靠性增长模型及规划方法研究 [J]. 火工品，2004，(4): 1-6.

7

第7章 火工品小子样可靠性评估方法及应用

火工品作为引信的重要组成部分，直接影响引信的可靠性。但是与引信的工作机理不同，火工品是一种燃爆产品，其可靠性数据比较特殊，它既有离散型数据也有连续型数据，其中与可靠性直接相关的是二元离散型响应数据，这是包含产品可靠性信息最少的一类数据。如何充分利用这类数据研究产品的可靠性，一直受国际统计科学理论研究者和实际应用工作者的关注。

7.1 火工品小子样可靠性评估方法及发展概况

国内外有关火工品的可靠性研究，最早的方法是简单地将其作为成败型产品，利用统计学中的二项分布模型、超几何分布模型等评估产品的可靠性。这就是以产品的合格率作为评估指标的计数法。火工品的可靠性评估中最早使用的数学方法是计数法，即 GJB 376—87《火工品可靠性评估方法》规定的“火工品发火可靠性评估方法”。当没有其他可靠性信息而只有成败型数据时，这是评估产品可靠性较好的方法。但是，当产品的可靠性较高时，应用该方法评估产品的可靠度所需的样本量非常大。例如，当火工品可靠性要求为置信水平 0.95、可靠度下限 0.999 时，若以计数法进行评估，则需试验 2996 发产品，且无一发失效。

火工品是一种火炸药产品，对环境应力的敏感特性是影响其可靠性的主要特征。计数法忽略了火工品的敏感特性，将其处理为一般的成败型产品，用某响应点处的试验数和失败数计算一定置信水平下的可靠度下限。其优点是简便、直观。其缺点是估计值比较保守，试验数量大。随着高新技术引入武器系统，武器弹药的价值不断趋高。这就使得与高价值弹药相匹配的火工品的价值和可靠性指标也逐渐提高。如 D07 火箭弹每发成本近 100 万元，与之配套的火工品可靠性指标为置信水平 0.95、可靠度下限 0.999。若以计数法评估其可靠性，则需测定2996发火工品，且无一发失效。这样大的试验量，在经费和时间上显然是无法承受的。苏27飞机火力系统研制指标的确定需要以测定引进的俄罗斯样品为依据，但所能提供的样品有限，均在40发左右，若用常规的方法试验，即使无一发失效也难确定其研制指标。

从20世纪40年代开始，许多小样本可靠性评估方法开始得到了深入和广泛研究。其中，一些是针对二元离散型响应数据的序贯试验方法，如升降法、随机逼近法、Langlie法、OSTR法、Wu法和PLL法等。这些方法的本质就是减少样本量和提高估计的精度。70年来，国外统计理论与应用研究工作者对这些方法的特性进行了较深入研究。以序贯试验方法获取二元离散响应数据，以感度分布的均值和均方差等作为评估指标的可靠性评估方法称为计量法。GJB/Z 377A—94《感度试验用数理统计方法》给出了升降法、Langlie法和OSTR法的试验方法与参数估计的方法。

计量法在一定程度上解决了火工品可靠性评估中样本量大的问题。该类方法是在某一感度分布模型下，通过估计感度分布的未知参数得到产品可靠度的下限估计。该类方法使用了产品感度分布的模型信息，评估中所需的试验量较少；但应用该类方法时，感度分布参数的估计通常有偏差。参数估计的偏差和分布模型选择的错误会造成可靠度估计有很大的误差。当可靠度指标在［0.2，0.8］区间时，分布模型对与可靠度对应的刺激水平的估计影响较小；当可靠度指标在［0.1，0.9］区间之外时，分布模型对该刺激水平的估计影响非常大。

在应用国军标中的升降法、Langlie法和OSTR法试验数据估计感度分布的参数时，刻度参数的估计是有偏的。美国军用标准曾经给出了Langlie法试验数据下，正态分布刻度参数估计的纠偏因子。刘宝光也模拟研究了Langlie试验数据下，正态分布刻度参数估计的纠偏因子。但是这两种纠偏都是应用线性插值的方法确定纠偏因子的大小，没有判别纠偏的正确率。

在传统的火工品可靠度评估中，常应用国军标中的一种序贯试验数据估计感度分布的参数，得到感度分布的均值、标准差和$p\%$响应点估计。在估计出的响应点处（或外推一定距离），再应用计数法评估产品的可靠度。该方法忽略了序贯试验数据提供的信息，所需样本量与计数法中的样本量是一样的。另外，在该方法中如何合理地外推试验刺激水平也是一个有待解决的问题。

近年来，具有感度属性的燃爆产品的小样本评估方法成为国内外研究的热点问题之一。在美国和我国航天装置的研究中都提出了裕度设计法，俄罗斯和我国在可靠性试验中提出了极限试验法与强度试验法等，这些方法大多局限于可靠性试验方案的设计。如何将这类试验数据与产品的可靠性评估相结合依然是目前存在的一个关键问题。

根据贝叶斯理论和试验信息量等值原理，将计量法与计数法相结合分别给出了贝叶斯火工品可靠性计量－计数综合评估方法和火工品可靠性试验信息量等值计量－计数综合评估方法。小样本评估方法适用于有可靠度指标的火工品作用可靠性评估。其他以临界值为主要特性参数的相关产品的可靠性评估也可参照使用。

7.2 计量－计数综合评估方法

7.2.1 贝叶斯火工品可靠性计量－计数综合评估方法

首先利用感度分布的信息，通过序贯感度试验及计算机模拟确定可靠度的先验分布；然后通过现场计数试验获得抽样试验信息，确定可靠度的后验分布；最后以此后验分布为基础，在给定的置信水平下确定可靠度下限。

1. 可靠度的先验分布

由于可靠度 R 与感度分布函数 $F(x, \mu, \sigma)$ 有如下关系：

$$R = P(X \leqslant x) = F(x,\mu,\sigma) \tag{7-1}$$

所以 R 既是依赖于序贯试验结果的随机变量，又是依赖刺激量 x 的随机函数。

这样：对于一组感度试验结果所得的参数（μ_0，σ_0），R 是一条确定的分布函数曲线，不同的感度试验结果得到不同的感度分布函数曲线；而对于某一个刺激量 a_0，R 是一个随机变量。

根据贝叶斯统计理论，二项分布中成功概率的共轭先验分布是贝塔分布，因此可取贝塔分布为成败型产品可靠度的先验分布，即

$$R \sim \mathrm{Beta}(a,b)$$

要确定该先验分布，问题就归结为如何根据已有的数据来确定两个未知参数 a、b。

2. 序贯感度试验，求出感度分布参数的极大似然估计

针对某一感度分布（如正态分布）$F(x, \mu, \sigma)$ 和某一序贯感度试验方法（如升降法），在某一方案下进行感度试验，由试验得出的感度数据，利用极大似然估计方法求出感度分布参数 μ、σ 的极大似然估计 $\hat{\mu}$、$\hat{\sigma}$。将以上过程重复三次，求出参数的平均估计 $\bar{\hat{\mu}}$、$\bar{\hat{\sigma}}$，即

$$\bar{\hat{\mu}} = \frac{\sum_{j=1}^{3}\hat{\mu}_j}{3}, \quad \bar{\hat{\sigma}} = \frac{\sum_{j=1}^{3}\hat{\sigma}_j}{3} \tag{7-2}$$

从而得到在刺激水平 a_0 处的可靠度估计值，即

$$\hat{R}_{\alpha_0} = F(a_0;\overline{\hat{\mu}},\overline{\hat{\sigma}}) \tag{7-3}$$

1）刻度参数纠偏后的估计

由序贯感度试验数据利用极大似然估计方法确定感度分布参数时，σ 的估计值一般偏低，这势必影响可靠度估计的准确性，必须进行纠偏。

经计算机模拟研究发现，纠偏因子 ε 与感度分布类型、样本量 M 、试验组数 G 、序贯感度试验方法及试验方案有关。在上述确定条件下，感度分布参数的变化对纠偏因子 ε 几乎没有影响。

纠偏以后的刺激水平 a_0 处的可靠度估计值为

$$\hat{R}_m = F(a_0;\overline{\hat{\mu}},\overline{\hat{\sigma}}/\varepsilon) \tag{7-4}$$

2）通过 Bootstrap 模拟，求可靠度下限

以参数的平均估计$\overline{\hat{\mu}}$和$\overline{\hat{\sigma}}$作为真值，在正态分布 N（$\overline{\hat{\mu}}$，$\overline{\hat{\sigma}}^2$）和上述相同试验方案下进行模拟升降法试验，由模拟出的感度数据和似然方程计算参数的极大似然估计，将以上过程进行 N 次，得到 N 对参数的估计值（$\hat{\mu}_1$，$\hat{\sigma}_1$），…，（$\hat{\mu}_N$，$\hat{\sigma}_N$）。由 N 对参数估计值，可以得到刺激水平 a_0 处的 N 个可靠度估计值为

$$\hat{R}_1 = F(a_0;\overline{\hat{\mu}_1},\overline{\hat{\sigma}_1}/\varepsilon),\cdots,\hat{R}_N = F(a_0;\overline{\hat{\mu}_N},\overline{\hat{\sigma}_N}/\varepsilon)$$

根据 Bootstrap 思想，可以把 $\sqrt{n}(\hat{R}_i - \hat{R}_a)$ 的经验分布函数看成 $\sqrt{n}(\hat{R}_m - R)$ 的分布函数，并根据分位数的定义可求得可靠度下限，即

$$\hat{R}_{al} = \hat{R}_m - \frac{r}{\sqrt{n}} \tag{7-5}$$

式中：$\hat{R}_m = F(a_0;\overline{\hat{\mu}},\overline{\hat{\sigma}}/\varepsilon)$；$r$ 为该经验分布函数的 $1-\alpha$ 分位数；n 为计算机模拟升降法试验每组试验量。

根据矩估计法和贝塔分布函数分位数的定义，由方程

$$\hat{R}_m = \frac{\hat{a}}{\hat{a}+\hat{b}} \tag{7-6}$$

$$\int_0^{\hat{R}_{al}} \frac{1}{B(\hat{a},\hat{b})} x^{\hat{a}-1}(1-x)^{\hat{b}-1}\mathrm{d}x = \alpha \tag{7-7}$$

解出贝塔分布 Beta（a，b）的两个参数的估计值 $\hat{a}$、$\hat{b}$。

3. 由可靠度后验分布进行可靠度估计

在先验分布 Beta（a，b）已确定的条件下，在刺激量 a_0 处进行成败型试验

$(n,\ s)$，根据贝叶斯统计理论得到可靠度 R 的后验分布为 Beta $(a+s,\ b+n-s)$，其分布密度函数为

$$f(x;a+s,b+n-s)=\begin{cases}\dfrac{1}{\mathrm{B}(a+s,b+n-s)}x^{a+s-1}(1-x)^{b+n-s-1} & (0\leqslant x\leqslant 1)\\ 0 & (\text{其他})\end{cases} \tag{7-8}$$

R 的后验分布 Beta $(a+s,\ b+n-s)$ 集中了总体、先验及现场抽样试验三种信息中有关可靠度的全部信息，在给定可靠度估计的置信水平 $1-\alpha$ 后，则 R 的下限估计方程为

$$\int_{R_{al}}^{1} f(x;a+s,b+n-s)\mathrm{d}x=1-\alpha$$

或

$$\int_{0}^{R_{al}}\frac{1}{\mathrm{B}(a+s,b+n-s)}x^{a+s-1}(1-x)^{b+n-s-1}\mathrm{d}x=\alpha \tag{7-9}$$

此方程为可靠性贝叶斯计量－计数综合评估基本方程。这是依赖于刺激量 x 的随机积分方程，因为 R 依赖于 x，而 a、b、n、s 的取值依赖于随机试验结果。

在火工品可靠性评定中，往往是先给定置信水平 $1-\alpha$ 和可靠度指标要求。这样，如何由基本方程来确定计数检验方案 $(n,\ s)$ 和检验工作刺激量就成了研究的侧重点。

为了减少抽样检验的样本量，一般取 $s=n$，用基本方程计算 n，方程转化为

$$\int_{0}^{R_{al}}\frac{1}{\mathrm{B}(a+n,b)}x^{a+n-1}(1-x)^{b-1}\mathrm{d}x=\alpha \tag{7-10}$$

当 a、b 取定后，可以计算 n。

4. 刺激量 a_0 的确定

给定置信水平 $1-\alpha$、R_{al} 和 $(n,\ s)$，确定 a_0 是比较困难的，由于可靠度 R 的先验分布参数 a、b 依赖于刺激量，计数检验结果也与刺激量有关，因此，a_0 只能通过多项模拟计算确定，显得比较繁琐。

为使确定检验刺激量的方法更具操作性，引进外推裕度系数

$$\delta=\frac{a_0-\hat{\mu}}{\hat{\sigma}/\varepsilon} \tag{7-11}$$

经计算机模拟，δ 的取值与置信水平、可靠性指标、计数检验方案、感度分布、序贯试验样本量及序贯感度试验有关，而与感度分布参数变化关系不大。可以通过计算机模拟，得出各种条件下外推裕度系数 δ 的数值，求出检验计数

刺激量，即

$$a_0 = \hat{\mu} + \delta \frac{\hat{\sigma}}{\varepsilon} \tag{7-12}$$

至此，当获得产品的计量试验数据后可由基本方程实现下列计算：

（1）由 a_0 处的（n，s）和 $1-\alpha$ 计算 R_{al}。

（2）由 a_0、$1-\alpha$、R、f 计算 a_0 处的 n。

（3）由 $1-\alpha$、R 和（n、s）计算对应的 a_0。

7.2.2 火工品可靠性试验信息量等值计量－计数综合评估方法

1. 火工品可靠性信息量等值方法

GJB 376—1987《火工品可靠性评估方法》火工品可靠性评估方法的评估结果是大家认可的，也可以说该方法的试验数据中包含可使评估结果可信的可靠性信息量。试验信息量等值方法的基本原理是使小样本方法试验获得的信息量值和 GJB 376—1987《火工品可靠性评估方法》计数法试验信息量值相等。

按照信息论中的定义，随机变量 X 取值的不确定程度大小反映了其包含的信息量的多少。信息论中把信息量定义为事件发生概率的对数的负值，即

$$H = -\ln P \tag{7-13}$$

式中：P 为事件发生的概率值。

可靠性试验的目的是通过试验收集产品的可靠性有关信息。成败型可靠性试验中，该信息是具有一定可靠性要求的产品在一定条件下试验成功的概率，可靠性试验信息量可定义为

$$\mathrm{H_T} = -\ln P \tag{7-14}$$

式中：P 为产品的可靠度值。

假如火工品感度为正态分布，临界刺激量 $X \sim N(\mu,\sigma^2)$，则当施加刺激量为 x，其发火可靠性 $R=P\{X\leqslant x\}$。一般技术指标规定：在给定的刺激量 x_{H} 和置信水平 $1-\alpha$ 下，发火可靠度 $R_{x_{\mathrm{H}}}$ 的置信下限要达到 $R_{\mathrm{L}}^{(H)}$。根据 GJB 376—1987《火工品可靠性评估方法》规定的计数法，通过在刺激量 x_{H} 处，进行 $n_{x_{\mathrm{H}}}$ 次计数试验，根据“0 失效”试验结果可以验证产品的可靠性水平是否达到技术指标要求，即

$$P\{R_{x_{\mathrm{H}}} \geqslant R_{\mathrm{L}}^{(H)}\} \geqslant 1-\alpha$$

式中

$$R_{\mathrm{L}}^{(H)} = (\alpha)^{1/n_{x_{\mathrm{H}}}}$$

例如，当 $1-\alpha=0.9$，$R_{\mathrm{L}}^{(H)}=0.999$ 时，按 GJB 376—1987《火工品可靠性

评估方法》有 $n_{x_H}=2303$。这样大的试验量在实际中是难以实现的。如果在实际中规定了只能进行 n_{X_L} 次试验，$n_{X_L} \ll n_{x_H}$，则根据火工品的感度分布模型可以把在高刺激量 x_H 试验 n_{x_H} 的假设检验问题转换为在低刺激量 x_L 试验 n_{x_L} 的假设检验问题。需要解决的问题是：寻求刺激量 x_L，使得通过在 x_L 下进行 n_{x_L} 次"0 失效"试验，验证产品的可靠性水平达到技术指标要求。

正态分布时，$R_{x_L}=\Phi\left(\dfrac{x_L-\mu}{\sigma}\right)$ 为产品在刺激量 x_L 下的可靠度，则由 n_{x_L} 次"0 失效"试验可得在该刺激量下的可靠度下限为

$$R_L^{(L)}=\alpha^{\frac{1}{n_{x_L}}}$$

即

$$P\{R_{x_L}\geqslant R_L^{(L)}\}\geqslant 1-\alpha$$

由 $x_L<x_H$ 可知，必存在 $K>1$，满足 $R_{x_L}=R_{x_H}^K$。

这时，要确定 x_L 和 R_{x_L}，只需确定 K。

由

$$P\{R_{x_L}\geqslant R_L^{(L)}\}\geqslant 1-\alpha\Rightarrow P\{R_{x_H}^K\geqslant R_L^{(L)}\}\geqslant 1-\alpha\Rightarrow$$
$$R\{R_{x_H}\geqslant (R_L^{(L)})^{1/K}\}\geqslant 1-\alpha$$

可得

$$(R_L^{(L)})^{1/K}=R_L^{(H)}$$

（注：按样本空间排序法所得一致最优置信下限。）

因此，有

$$K=\frac{\ln(R_L^{(L)})}{\ln(R_L^{(H)})}=\frac{n_{x_H}}{n_{x_L}}$$

再由 $R_{x_L}=R_{x_H}^K$ 可得

$$n_{x_L}(-\ln R_{x_L})=n_{x_H}(-\ln R_{x_H}) \tag{7-15}$$

式中：$-\ln R$ 为单发试验成功取得的可靠性试验信息量。

按可靠性试验信息量的含义：选择在某一低可靠度 R_{x_L} 对应的刺激量点进行试验，使少量样本 n_{x_L} 所取得的总可靠性试验信息量值等于由技术指标规定的 R_{x_H} 和按 GJB 376—1987《火工品可靠性评估方法》规定的样本量 n_{x_H} 得到的总可靠性试验信息量值，即同样可得式（7-15）。式（7-15）称为火工品可靠性试验信息量等值方程。

可靠性试验信息量等值方法是根据可靠度高、信息量值小，而选择低可靠度的刺激量点来进行试验，使单个样本试验获得的可靠性试验信息量值增加，从而达到降低样本量的目的。

本方法的基本步骤：首先按 GJB/Z 377A—1994《感度试验用数理统计方

法》规定的方法 103 进行三组升降法试验，求得产品的分布参数 $\bar{\hat{\mu}}$，并对 $\hat{\sigma}$ 进行一致性检验后再纠偏求得 $\bar{\hat{\sigma}}$；然后按分布函数、分布参数和可靠性试验信息量等值方程，求出与 GJB 376—1987《火工品可靠性评估方法》可靠性试验信息量等值的刺激量点 x_L，并在该点进行 n_{x_L} 次计数试验做假设检验，根据试验结果判断是否拒绝原假设，即判断是否达到可靠性技术指标。

2. 在相同置信水平下确定等值试验可靠度点的试验方案

1）产品的发火可靠性裕度系数估计

根据 GJB 376—1987《火工品可靠性评估方法》中规定的方法求出火工品发火可靠度裕度系数 $M = x_H / x_{AF\gamma}$，即技术指标规定的刺激量和最小全发火刺激量 $X_{AF\gamma}$ 估计值的比值。

为避免误判，本方法规定只在 $\hat{M} \geqslant 1$ 时制定计数试验方案并评估。若 $\hat{M} < 1$，则不宜采用本方法进行评估。对电火工品来说，由于存在输入能量过大，会出现瞎火的情况，因此，当裕度系数过大（如大于 10）时，要审慎使用本方法。如果出现这种情况，建议考虑其他评估方法。

根据在给定的可靠度 R、置信水平 $r = 1 - \alpha$ 下，计算最小全发火刺激量的估计值：

$$X_{AF\gamma} = \hat{\mu} + U_p \hat{\sigma} + t_{1-\alpha}(\nu)\ \sqrt{\sigma_{\hat{\mu}}^2 + U_P^2}\sigma_{\hat{\sigma}}^2 \tag{7-16}$$

式中：U_p 为概率 $P = R$ 的正态分布分位数；$t_\gamma(\nu)$ 为 t 分布的双侧 γ 分位数，ν 为自由度 。

若为逻辑斯蒂分布，式（7－16）中以总体参数 γ 取代参数 σ，以标准误差 $\hat{\sigma}_\gamma$ 取代 $\hat{\sigma}_\sigma$。若为对数分布，则先进行刺激量变换，按式（7－16）求出估计值后，再进行反变换。

（1）历史数据与当前数据的同总体检验。本方法对生产批产品的验收评估时，首先通过收集得到该产品以往的历史升降法试验数据，然后对当前批次的产品做一组升降法试验，这样综合利用历史数据和当前数据一起估计感度分布参数，可以进一步节省试验样本量。历史升降法试验数据和当前试验数据往往不是同一批次的产品，虽然生产原材料及工艺条件都是一致的，但不同批次的产品由于气候、原材料、人工等随机因素的影响，也可能造成火工品感度分布参数的漂移，使之不属于同一总体。因此，针对这种情况需要对历史数据和当前数据进行同一总体检验。

对于火工品感度分布来说，一般同一型号（技术指标相同、设计相同，以及原材料、加工工艺相同等）的产品，认为其感度分布类型不变，只是其感度分布参数可能有差异。因此，同总体检验可以转变为对感度分布参数的检验，即转换为分别对感度均值 μ 和标准差 σ 的检验。

对于属于两个总体的一般的完全样本数据的参数一致性的检验，有许多经典方法，如 t 检验法、χ^2 检验法、F 检验法等。而如火工品感度试验这类敏感型试验数据属于不完全样本数据，直接应用这些方法有些困难。

本方法从极大似然估计渐进正态性出发，对 μ 和 σ 的检验采用如下检验方法。下面以对 σ 的检验为例来说明该方法的应用及其原理。对 μ 的检验与此相类似。

对于正态分布或对数正态分布，取由历史升降法试验数据得到的 $\hat{\sigma}_j(j=1,2,3)$ 和从被评估产品的当前升降法试验数据得到的 $\hat{\sigma}$，分别与相应的 σ_{σ_j} 进行一致性检验。当两两均满足检验式 $|\hat{\sigma}_1-\hat{\sigma}_2|<U_{1-\alpha/2}(\sigma^2_{\hat{\sigma}_1}+\sigma^2_{\hat{\sigma}_2})$ 时，σ 通过一致性检验；当存在任何一项不满足时，σ 未通过一致性检验。

该检验法的原理如下：

一致性检验原理：$H_0:\hat{\sigma}_1$ 和 $\hat{\sigma}_2$ 相同。

由于 $\hat{\sigma}_1$ 与 $\hat{\sigma}_2$ 都是总体参数 σ 的极大似然估计，所以 $\hat{\sigma}_1$ 服从渐进正态分布 $N(\sigma,\sigma^2_{\hat{\sigma}_1})$，$\hat{\sigma}_2$ 服从渐进正态分布 $N(\sigma,\sigma^2_{\hat{\sigma}_2})$。

检验统计量 $\hat{\sigma}_1-\hat{\sigma}_2$ 服从渐进正态分布 $N(0,(\sigma^2_{\hat{\sigma}_1}+\sigma^2_{\hat{\sigma}_2}))$。

对给定的显著性水平 α，拒绝域为 $|\hat{\sigma}_1-\hat{\sigma}_2|>U_{1-\frac{\alpha}{2}}\sqrt{\sigma^2_{\hat{\sigma}_1}+\sigma^2_{\hat{\sigma}_2}}$。

用此方法对 19 种产品进行了一致性检验，结果见表 7-1。

表 7-1　σ 一致性检验实例

产品名称	$\hat{\sigma}$	$\sigma_{\hat{\sigma}}$	检验统计量计算值 $\lvert\hat{\sigma}_1-\hat{\sigma}_2\rvert$	临界值 $U_{1-\alpha/2}\sqrt{\sigma^2_{\hat{\sigma}_1}+\sigma^2_{\hat{\sigma}_2}}$	检验结果
1 号电爆管	0.05	0.022	0.022	0.039	通过
	0.028	0.009	0.005	0.019	
	0.023	0.007	0.027	0.038	
1 号电点火头	4.956	2.084	1.281	4.095	通过
	3.675	1.362	1.458	2.525	
	2.217	0.708	2.739	3.621	
2 号电撞两用底火	19.864	9.741	9.460	17.260	通过
	10.404	3.891	0.034	8.793	
	10.37	3.665	9.494	17.120	
3 号电点火头	1.375	0.552	0.347	1.239	通过
	1.028	0.512	0.010	1.065	
	1.018	0.396	0.357	1.118	

（续）

产品名称	$\hat{\sigma}$	$\sigma_{\hat{\sigma}}$	检验统计量计算值 $\mid \hat{\sigma}_1 - \hat{\sigma}_2 \mid$	临界值 $U_{1-\alpha/2}\sqrt{\sigma^2_{\hat{\sigma}_1} + \sigma^2_{\hat{\sigma}_2}}$	检验结果
6 号电底火	0. 058	0. 026	0. 043	0. 052	通过
	0. 015	0. 004	0. 003	0. 011	
	0. 012	0. 004	0. 046	0. 052	
7 号甲电点火头	0. 116	0. 036	0. 039	0. 101	通过
	0. 155	0. 05	0. 007	0. 113	
	0. 148	0. 047	0. 032	0. 097	
8 号电点火具	8. 21	2. 698	5. 160	9. 635	通过
	13. 37	5. 199	9. 620	19. 860	
	22. 99	10. 893	14. 780	18. 460	
16 号电点火管	0. 094	0. 027	0. 033	0. 053	通过
	0. 061	0. 018	0. 010	0. 040	
	0. 051	0. 016	0. 043	0. 052	
12A 电点火头	1. 856	0. 832	0. 725	1. 532	通过
	1. 131	0. 419	0. 286	1. 158	
	1. 417	0. 566	0. 439	1. 655	
8 号电雷管	16. 42	5. 396	1. 660	13. 406	通过
	18. 08	6. 107	1. 180	13. 645	
	16. 9	5. 614	0. 480	12. 808	
3 号甲火帽	0. 079	0. 015	0. 044	0. 058	通过
	0. 123	0. 032	0. 025	0. 092	
	0. 148	0. 046	0. 069	0. 080	
4 号雷管	0. 219	0. 07	0. 078	0. 209	通过
	0. 297	0. 106	0. 117	0. 195	
	0. 18	0. 053	0. 039	0. 144	
7 号火帽	0. 231	0. 068	0. 077	0. 131	通过
	0. 154	0. 041	0. 004	0. 098	
	0. 158	0. 043	0. 073	0. 132	
26 号火帽	0. 284	0. 12	0. 202	0. 203	通过
	0. 082	0. 022	0. 04	0. 069	
	0. 122	0. 036	0. 162	0. 206	

（续）

产品名称	$\hat{\sigma}$	$\sigma_{\hat{\sigma}}$	检验统计量计算值 $\lvert \hat{\sigma}_1 - \hat{\sigma}_2 \rvert$	临界值 $U_{1-\alpha/2}\sqrt{\sigma^2_{\hat{\sigma}_1}+\sigma^2_{\hat{\sigma}_2}}$	检验结果
51 号雷管	0.268	0.104	0.127	0.183	通过
	0.141	0.04	0.035	0.080	
	0.106	0.028	0.162	0.177	
54 号雷管	0.215	0.058	0.027	0.127	通过
	0.188	0.051	0.027	0.127	
	0.215	0.058	0.000	0.135	
76A 雷管	0.287	0.092	0.151	0.162	通过
	0.136	0.035	0.048	0.100	
	0.184	0.05	0.103	0.172	
51A 雷管	0.259	0.079	0.031	0.170	通过
	0.228	0.067	0.059	0.134	
	0.169	0.046	0.09	0.150	
D6 底火	0.378	0.177	0.225	0.302	通过
	0.153	0.049	0.068	0.089	
	0.085	0.023	0.293	0.294	

从表 7-1 可以看出，所列产品都通过了一致性检验，这与这些产品可靠性合格是相符的。同时可以看出，有的产品检验统计量的计算值与临界值偏差范围比较大，如 8 号电雷管，其检验统计量计算值为 1.66，而临界值为 13.406，检验要求显得低了；有的产品检验统计量的计算值与临界值很接近，如 D6 底火，其检验统计量计算值与临界值只相差 0.001，如果产品的参数偏差稍大一些，也可能出现检验通不过的情况。说明该检验方法能够反映产品的感度分布分散性情况，因此选择此检验方法。

对于采用同批产品进行升降法试验的情况，只需采用上述方法对 σ 进行一致性检验即可。

（2）由 $M = x_{\mathrm{H}}/x_{AF_{1-\alpha}}$ 求得 M。当 $M \geqslant 1$ 时，判定本方法适用；当 $M < 1$ 时，判定本方法不适用。

2）确定等值点试验样本量

为保证等值点试验和技术指标具有相同置信水平，以技术指标规定的可靠度 $R_{\mathrm{L}}^{(H)}$、置信水平 $1-\alpha$ 为依据，通过工程经验选定等值试验可靠度试验点对应的 $R_{\mathrm{L}}^{(L)}$。由 $R_{\mathrm{L}}^{(L)} = \sqrt[n_{x\mathrm{L}}]{\alpha_{\mathrm{L}}}$ 中的 $\alpha_{\mathrm{L}} \leqslant \alpha$ 进行 $n_{x_{\mathrm{L}}}$ 的计算，推荐 $n_{x\mathrm{L}}$ 的计算结果列于表 7-2。

表 7－2 可靠性试验信息量等值推荐试验样本量

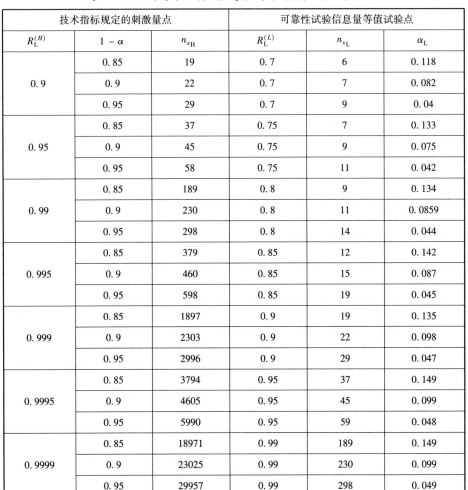

技术指标规定的刺激量点			可靠性试验信息量等值试验点		
$R_L^{(H)}$	$1-\alpha$	n_{x_H}	$R_L^{(L)}$	n_{x_L}	α_L
0.9	0.85	19	0.7	6	0.118
	0.9	22	0.7	7	0.082
	0.95	29	0.7	9	0.04
0.95	0.85	37	0.75	7	0.133
	0.9	45	0.75	9	0.075
	0.95	58	0.75	11	0.042
0.99	0.85	189	0.8	9	0.134
	0.9	230	0.8	11	0.0859
	0.95	298	0.8	14	0.044
0.995	0.85	379	0.85	12	0.142
	0.9	460	0.85	15	0.087
	0.95	598	0.85	19	0.045
0.999	0.85	1897	0.9	19	0.135
	0.9	2303	0.9	22	0.098
	0.95	2996	0.9	29	0.047
0.9995	0.85	3794	0.95	37	0.149
	0.9	4605	0.95	45	0.099
	0.95	5990	0.95	59	0.048
0.9999	0.85	18971	0.99	189	0.149
	0.9	23025	0.99	230	0.099
	0.95	29957	0.99	298	0.049

3）计算不同感度分布下 n_{x_L} 对应的刺激量 x_L

（1）正态分布。由 $\overline{\hat{\mu}}$、$\overline{\hat{\sigma}}^*$ 和正态分布函数关系，求取 x_H 处的可靠度估计：

$$\hat{R}_{x_H} = \Phi\left(\frac{x_H - \overline{\hat{\mu}}}{\overline{\hat{\sigma}}^*}\right) \tag{7-17}$$

将 n_{x_H}、$\hat{R}_{x_H}$ 和 n_{x_L} 代入可靠性试验信息量等值方程，求得 x_L 处的可靠度估计值 $\hat{R}_{x_L}$，然后计算 x_L：

$$x_L = \overline{\hat{\mu}} + \Phi^{-1}(\hat{R}_{x_L})\overline{\hat{\sigma}}^* \tag{7-18}$$

（2）逻辑斯蒂分布。由逻辑斯蒂分布函数

$$F(x) = \frac{1}{1 + \exp\left(-\frac{x-\mu}{\gamma}\right)}$$

和 $\bar{\hat{\mu}}$、$\bar{\hat{\gamma}}^*$ 按下式求出 x_H 处的可靠度估计值：

$$\hat{R}_{x_H} = \frac{1}{1 + \exp\left(-\frac{x_H - \bar{\hat{\mu}}}{\bar{\hat{\gamma}}^*}\right)} \tag{7-19}$$

按与（1）相同的方法求 x_L 处的可靠度估计值 $\hat{R}_{x_L}$，然后计算 x_L：

$$x_L = \bar{\hat{\mu}} + \ln\frac{\hat{R}_{x_L}}{1-\hat{R}_{x_L}}\bar{\hat{\gamma}}^* \tag{7-20}$$

（3）对数正态分布。由 $\bar{\hat{\mu}}$、$\bar{\hat{\sigma}}^*$（对数单位）和 $y_H = \ln x_H$ 求得与 y_H 对应的可靠性试验信息量等值试验刺激量 y_L，计算 x_L：

$$x_L = e^{y_L} \tag{7-21}$$

（4）对数逻辑斯蒂分布。由 $\bar{\hat{\mu}}$、$\bar{\hat{\gamma}}^*$（对数单位）与（2）和（3）相同的方法计算 x_L。

7.2.3 刻度参数纠偏

首先通过升降法试验求出产品感度分布的参数 μ、σ，然后以该参数为基础计算出计数验证试验点，根据计数试验结果对火工品可靠性做出判定。因此，评估结果的准确性与感度分布参数估计结果的准确度是密切相关的。国内外在长期使用升降法试验估计感度分布参数时发现：其均值估计是无偏的，而标准差的估计值是有偏的。一般认为标准差的估计值系统地偏小。对此，国内外文献也提供有经验资料。为克服 $\hat{\sigma}$ 的这种系统误差，国内曾以模拟的结果为基础给出一个经验的修正项，但这种经验性结果有很大的局限性。

影响升降法标准差估计值的试验参数有步长 d、试验初值 x_0、样本量 n。由于在分析感度数据时，GJB 377—1987《感度试验用升降法》规定可除去不好的刺激量，如对于第一刺激量由于选择偏离 50% 点较远而连续出现同一响应结果的情况时，可以除去第一次响应变换前的刺激量，因此一般可不考虑试验初值 x_0 的影响。

步长 d 和样本量 n 对 σ 估计值的影响，严楠给出结论：当 $n \leqslant 30$ 时，$\hat{\sigma}$ 估

计在各步长下都显著偏小，当 $d \leqslant 0.5\sigma$ 时，$\hat{\sigma}$ 平均比真值偏小 30% 以上，d 过大或过小，都将出现 $\hat{\sigma}$ 估计偏差增加的情况；当 $n = 50$ 时，比较好的 $\hat{\sigma}$ 估计条件是 $d = (0.75 \sim 1.5)\sigma$，$\hat{\sigma}$ 平均比真值偏小 7.7%；当 $d \leqslant 0.5\sigma$ 时，随 d 减小 $\hat{\sigma}$ 估计的偏差显著增加。

关于标准差 σ 估计值的纠偏问题，田玉斌提出了一种以 β 分位数纠偏的方法，β 分位数纠偏的含义是标准差 σ 纠偏后估计值大于其真值的概率为 $1-\beta$。该方法针对感度分布 $F(x;\mu,\sigma)$（正态分布、对数正态分布、逻辑斯蒂分布或对数逻辑斯蒂分布），在某一试验方案下进行升降法模拟试验，由模拟出的感度数据和似然方程计算参数 (μ,σ) 的极大似然估计。重复 N 次模拟，得到 N 个参数的估计值 $(\hat{\mu}_1,\hat{\sigma}_1),\cdots,(\hat{\mu}_N,\hat{\sigma}_N)$。由 N 个刻度参数的估计值 $\hat{\sigma}_1,\cdots,\hat{\sigma}_N$，可以估计刻度参数估计量的分布，以经验分布函数来估计该分布：

$$G_M(z) \approx \begin{cases} 0 & (z < \hat{\sigma}_{(1)}) \\ \dfrac{i}{N} & (\hat{\sigma}_{(i)} \leqslant z < \hat{\sigma}_{(i+1)}) \\ 1 & (z \geqslant \hat{\sigma}_{(N)}) \end{cases} \tag{7-22}$$

式中：$\hat{\sigma}_{(1)},\cdots,\hat{\sigma}_{(N)}$ 为估计 $\hat{\sigma}_1,\cdots,\hat{\sigma}_N$ 从小到大的排序。

计算 σ_β，使得 $M(z) = P(z \geqslant \sigma_\beta) = 1-\beta$。做保守处理，令

$$\varepsilon = \frac{\sigma_\beta}{\sigma} \tag{7-23}$$

式中：ε 为纠偏系数；σ_β 为 $\hat{\sigma}$ 的经验分布函数的 β 分位点；σ 为计算机模拟升降法试验中的真值。

经过模拟研究发现，该纠偏系数 ε 与感度分布类型、样本量、试验方案有关。在这些条件确定后，感度分布参数的变化对纠偏系数 ε 几乎没有影响。

田玉斌根据可靠性评估尽量偏向保守的思想，在现有认识标准差 σ 估计值系统地偏小的基础上，提出 β 分位数取 0.05，即标准差 σ 纠偏后估计值大于其真值的概率为 0.95，制定了一套纠偏方案。在实际应用中，通过大小样本试验发现，运用该纠偏方案：有的情况下能把标准差 σ 估计值纠得比较准确；而在有的情况下把标准差 σ 估计值纠得过大，造成可靠性评估结果过于保守，本小样本方法不能普遍推广使用。

通过计算机模拟，对标准差 σ 估计值的偏差问题进行了进一步研究发现，

标准差 σ 估计值系统地偏小。其真正含义是指标准差 σ 估计值多次的平均值比真值小。对于每次升降法数据，2/3 是偏小的，1/3 是偏大的。因此，β 分位数取 0.05 过小。这是应用上述纠偏方案有时造成过于保守。另外，该纠偏方案由于没有考虑刺激量个数 S 的影响，即没有根据升降法刺激量个数来制定纠偏方案，而 S 是造成 σ 偏差的主要原因之一，这也是造成该纠偏方案对产品的适用性差的一个主要原因。

1. 升降法试验样本量为 50 发时的计算机模拟研究

关于在升降法中每组试验量为多少时，刻度参数 σ 的估计值能趋于稳定的问题，目前有多种看法。在 GJB/Z 377A—94《感度试验用数理统计法》推荐每组试验量 $n = 30$（n 应不小于 24）。由于刻度参数 σ 的估计值与升降法的试验步长 d、样本量 n 等因素有关。在曹建华等的计算机模拟研究基础上，用计算机模拟试验的方法对刻度参数 σ 的估计值的稳定性进行了研究。采用的判断刻度参数 σ 的估计值是否稳定的条件：刻度参数 σ 的估计值的标准误差 $\sigma_{\hat{\sigma}}$ 是否趋于稳定，即小于某一个设定的很小值 δ 。通过计算机模拟发现，升降法的 σ 估计值在试验量为 30 发时趋于稳定，在 50 发时达到稳定。刻度参数 σ 估计值稳定性计算机模拟研究流程如图 7－1 所示。

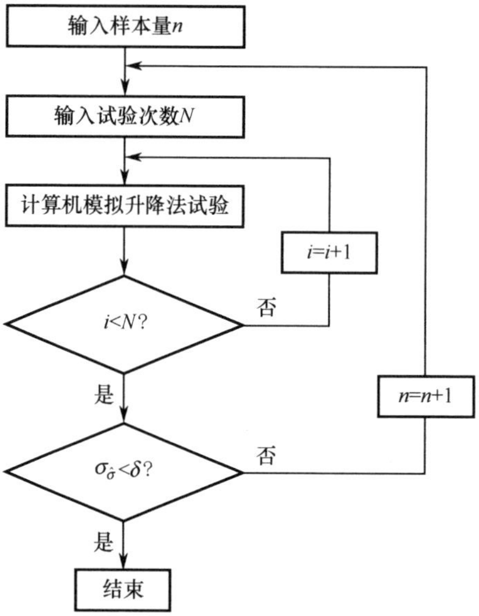

图 7－1　刻度参数 σ 估计值稳定性计算机模拟研究流程

2. 升降法标准差 σ 估计值偏大偏小模拟

根据 GJB/Z 377A—94《感度试验用数理统计法》中方法 103 试验规则，构建的计算机模拟升降法试验算法流程如图 7－2 所示。选择感度分布为正态

分布 $N(10,1)$，利用素数模乘同余法产生均匀分布的随机数 r_i，按求正态分布反函数的方法产生 x_{ci}，作为临界刺激量。选择在不同步长、不同每组试验量的情况下进行试验，各试验 10000 次。根据 GJB/Z 377A—94《感度试验用数理统计法》的规定，要求试验结果中刺激量有混合结果区，即最大不响应刺激量大于最小响应刺激量，刺激量为 4～7 个，同时 $M>0.25$。符合以上条件，为模拟成功；否则，失败。模拟时步长为实际所取步长与 σ 真值之比的倍数。样本量为每组试验量。试验次数是指在某一试验方案下的重复模拟的次数。成功次数是指模拟的升降法数据符合以上条件的模拟次数的累加。偏大次数是指模拟升降法数据的 $\hat{\sigma}$ 比 σ 真值大的模拟次数的累加。偏大比例是指偏大次数占总模拟成功次数中的百分比。正态分布升降法参数估计模拟结果见表 7-3。

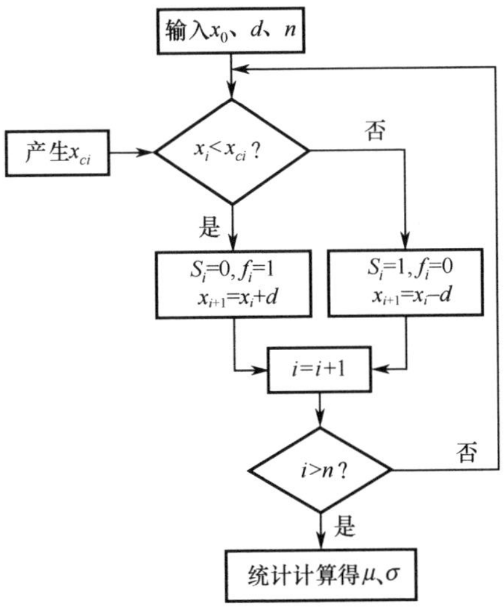

图 7-2 升降法试验算法流程

表 7-3 正态分布升降法参数估计模拟结果

步长	样本量 n	试验次数	成功次数	均值 μ	标准差 σ	偏大次数	偏大比例/%
0.5 σ	20	10000	9460	10.001	0.776	2119	0.224
	30	10000	9849	9.999	0.816	2462	0.250
	40	10000	9824	10.001	0.848	2738	0.279
	50	10000	9722	10.000	0.866	2793	0.287
0.6 σ	20	10000	9287	10.000	0.815	2332	0.251
	30	10000	9844	10.000	0.851	2711	0.275
	40	10000	9932	10.001	0.88	3005	0.303
	50	10000	9933	10.000	0.899	3172	0.319

（续）

步长	样本量 n	试验次数	成功次数	均值 μ	标准差 σ	偏大次数	偏大比例/%
0.75 σ	20	10000	8811	10.000	0.872	2790	0.317
	30	10000	9672	10.001	0.888	2805	0.29
	40	10000	9904	10.001	0.906	3231	0.326
	50	10000	9971	10.000	0.920	3498	0.351
0.8 σ	20	10000	8608	10.000	0.893	2675	0.311
	30	10000	9586	10.000	0.902	3106	0.324
	40	10000	9865	10.000	0.915	3285	0.333
	50	10000	9962	10.000	0.926	3371	0.338
0.9 σ	20	10000	8209	10.000	0.928	2396	0.292
	30	10000	9364	10.000	0.923	2834	0.303
	40	10000	9765	10.000	0.928	3198	0.327
	50	10000	9916	10.000	0.936	3391	0.342
1 σ	20	10000	7704	9.998	0.966	3109	0.404
	30	10000	9033	9.998	0.946	3486	0.386
	40	10000	9585	9.999	0.943	3383	0.353
	50	10000	9819	9.999	0.945	3477	0.354
1.1 σ	20	10000	7133	9.996	1.008	2949	0.413
	30	10000	8627	9.996	0.972	2840	0.329
	40	10000	9319	9.997	0.96	3748	0.402
	50	10000	9662	9.999	0.958	3941	0.408
1.2 σ	20	10000	6475	10.000	1.045	2681	0.414
	30	10000	8097	9.997	0.996	3843	0.475
	40	10000	8911	9.998	0.978	3618	0.406
	50	10000	9422	9.999	0.967	3822	0.406
1.25 σ	20	10000	6128	9.998	1.070	2435	0.397
	30	10000	7785	9.996	1.012	3455	0.444
	40	10000	8686	9.998	0.986	3152	0.363
	50	10000	9249	9.999	0.973	4062	0.439

分析表 7-3 数据可得到以下结论：

（1）根据 GJB/Z 377A—94《感度试验用数理统计法》中升降法试验规则的数据有效性判定，当 $n \neq 20$ 时，$d = (0.5 \sim 1)\sigma$ 时，升降法模拟成功次数都在 90% 以上，当 $d > 1\sigma$ 时，其模拟成功次数开始小于 90%。当 $n = 20$ 时，不

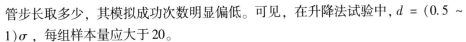

管步长取多少，其模拟成功次数明显偏低。可见，在升降法试验中，$d = (0.5 \sim 1)\sigma$，每组样本量应大于20。

(2) σ 估计值的偏差，在 $d = (0.5 \sim 1.25)\sigma$ 时，20%以上是偏大的，并且偏大的比例随着 d 的增大略有升高。在 $d = (0.5 \sim 1)\sigma$ 时，σ 估计值的平均值偏小，这就是关于 σ 的估计值系统地偏小的含义。

以上的研究表明，对于单独一组或几组升降法数据，不能判定 σ 的估计值肯定偏小。

3. 升降法试验刺激量个数 S 对 $\hat{\sigma}$ 偏差的影响

在不同步长、不同的试验量情况下，各进行了10000组模拟升降法试验，分别统计出刺激量个数 S 为4、5、6、7时的模拟次数、偏大次数、$\hat{\sigma}$ 的均值。$S = 4$ 指模拟升降法数据的刺激量个数为4。S 为5、6、7的情况依次类推。$\hat{\sigma}$ 与 S 的关系模拟结果见表7－4。

表7－4　$\hat{\sigma}$ 与 S 的关系模拟结果

步长	n	$S = 4$			$S = 5$			$S = 6$			$S = 7$		
		总次数	偏大次数	$\bar{\hat{\sigma}}$	总次数	偏大次数	$\bar{\hat{\sigma}}$	总次数	偏大次数	$\bar{\hat{\sigma}}$	总次数	偏大次数	$\bar{\hat{\sigma}}$
0.5σ	20	3150	0	0.42	4418	421	0.75	1614	1420	1.29	278	278	2.18
	30	1555	0	0.42	4615	162	0.68	2987	1608	1.06	692	692	1.58
	40	674	0	0.42	4043	58	0.65	3859	1472	0.96	1248	1208	1.37
	50	308	0	0.42	3172	32	0.64	4530	1245	0.91	1712	1516	1.25
0.6σ	20	3793	0	0.50	4296	1140	0.88	1100	1094	1.49	98	98	2.44
	30	2151	0	0.49	5142	627	0.79	2231	1764	1.22	320	320	1.77
	40	1082	0	0.49	5108	380	0.75	3135	2019	1.10	607	606	1.54
	50	546	0	0.49	4576	280	0.74	3937	2032	1.03	874	860	1.40
0.75σ	20	4585	46	0.61	3692	2210	1.06	510	510	1.79	24	24	2.75
	30	3121	5	0.59	5275	1534	0.92	1192	1182	1.43	84	84	2.07
	40	1930	1	0.58	5991	1406	0.88	1827	1668	1.28	156	156	1.77
	50	1146	0	0.58	6142	1242	0.85	2452	2005	1.19	231	231	1.58
0.8σ	20	4788	71	0.05	3415	2199	1.12	392	392	1.89	13	13	2.84
	30	3450	17	0.62	5142	2095	0.97	939	939	1.51	55	55	2.19
	40	2239	6	0.61	6086	1924	0.91	1445	1360	1.39	95	95	0.92
	50	1392	0	0.60	6462	1538	0.89	1964	1689	1.23	144	144	1.67

（续）

步长	n	$S=4$			$S=5$			$S=6$			$S=7$		
		总次数	偏大次数	$\bar{\hat{\sigma}}$	总次数	偏大次数	$\bar{\hat{\sigma}}$	总次数	偏大次数	$\bar{\hat{\sigma}}$	总次数	偏大次数	$\bar{\hat{\sigma}}$
0.9σ	20	5095	246	0.71	2916	1952	1.22	194	194	2.07	4	4	2.79
	30	4080	79	0.68	4724	2195	1.05	544	544	1.65	16	16	2.37
	40	2884	24	0.66	6019	2319	0.98	838	831	1.44	24	24	2.06
	50	1951	11	0.66	6739	2214	0.94	1184	1124	1.32	42	42	1.81
1σ	20	5197	641	0.78	2402	2363	1.32	105	105	2.24	—	—	—
	30	4587	308	0.73	4143	2875	1.12	298	298	1.77	5	5	2.51
	40	3505	142	0.71	5620	2781	1.04	453	453	1.53	7	7	2.22
	50	2581	49	0.70	6586	2778	1.00	639	637	1.40	13	13	1.96

表7-4的模拟结果显示，刺激量个数S对$\hat{\sigma}$的影响如下：

（1）当$S=4$,步长为$(0.5\sim1)\sigma$时$\hat{\sigma}$明显偏小，且偏小程度随步长的增大而减小。

（2）当$S=5$,步长为$(0.5\sim0.6)\sigma$时$\hat{\sigma}$明显偏小,步长为$(0.75\sim1)\sigma$时$\hat{\sigma}$有时偏大有时偏小。

（3）当$S=6$,步长为$(0.5\sim0.6)\sigma$时$\hat{\sigma}$有时偏大有时偏小,步长为$(0.75\sim1)\sigma$时$\hat{\sigma}$明显偏大。

（4）当$S=7$时,$\hat{\sigma}$明显偏大。

从以上分析可以看出,S是$\hat{\sigma}$的主要影响因素。在实际应用中，应根据升降法刺激量个数制定纠偏方案。

4. 由刺激量个数S和分位数β共同决定$\hat{\sigma}$的纠偏系数

根据分位数β纠偏的思想,通过计算机模拟N次升降法试验,得到N个升降法的$\hat{\sigma}$。对不同刺激量个数获得的数据分别进行纠偏:首先分类挑选出不同刺激量个数对应的$\hat{\sigma}$;然后分别对其进行从小到大的排列,构造出不同刺激量个数的$\hat{\sigma}$的经验分布函数;最后按分位数β纠偏确定对应不同刺激量个数时的纠偏系数。

求出不同分位数β情况下的纠偏系数后,通过多种火工产品的多组升降法数据分别进行纠偏;再把纠偏后的$\hat{\sigma}^*$与大样本估计值进行比较。

在假设正态分布 $N(10,1)$ 条件下，根据升降法的试验规则，在不同的步长、不同的试验量、不同分位数情况下求得的对应不同刺激量个数的纠偏系数，见表7－5。表中 β 取小于1的数，表示纠偏后的 $\hat{\sigma}^*$ 以 $1-\beta$ 的概率大于 σ 真值。

表7－5　不同的 β 分位数情况下的纠偏系数模拟结果

步长	n	β	S			
			4	5	6	7
0.5 σ	30	0.06	0.2845	0.44146	0.7637	1.1896
		0.2	0.3297	0.5449	0.8635	1.3151
		0.333	0.3667	0.6128	0.9382	1.411
	50	0.06	0.3105	0.459	0.6519	0.9448
		0.2	0.3548	0.5341	0.7485	1.0581
		0.333	0.3858	0.5764	0.811	1.1365
0.6 σ	30	0.06	0.3422	0.5291	0.9121	1.4035
		0.2	0.396	0.6475	0.9961	1.5424
		0.333	0.4353	0.6753	1.07	1.6042
	50	0.06	0.3562	0.5121	0.7552	1.0722
		0.2	0.4133	0.607	0.8609	1.1905
		0.333	0.451	0.658	0.939	1.2737
0.7 σ	30	0.06	0.3993	0.6059	1.0348	1.5196
		0.2	0.4521	0.7338	1.1608	1.6677
		0.333	0.4713	0.77	1.2147	1.8253
	50	0.06	0.3929	0.5767	0.8452	1.2034
		0.2	0.4568	0.6688	0.9455	1.3046
		0.333	0.4963	0.7448	1.029	1.3978
0.75 σ	30	0.06	0.428	0.652	1.102	1.624
		0.2	0.485	0.758	1.203	1.789
		0.333	0.498	0.818	1.294	1.884
	50	0.06	0.414	0.607	0.899	1.277
		0.2	0.485	0.705	1.006	1.376
		0.333	0.519	0.764	1.091	1.453
0.8 σ	30	0.06	0.456	0.698	1.152	1.742
		0.2	0.517	0.802	1.281	1.907
		0.333	0.53	0.868	1.357	2.047
	50	0.06	0.44	0.644	0.936	1.36
		0.2	0.5	0.733	1.057	1.464
		0.333	0.552	0.776	1.124	1.528

（续）

步长	n	β	S			
			4	5	6	7
0.9σ	30	0.06	0.513	0.779	1.3	1.947
		0.2	0.553	0.791	1.4	2.219
		0.333	0.591	0.952	1.495	2.136
	50	0.06	0.48	0.638	1.006	1.533
		0.2	0.535	0.756	1.122	1.579
		0.333	0.587	0.859	1.203	1.626
1σ	30	0.06	0.572	0.835	1.437	2.292
		0.2	0.615	0.882	1.511	2.292
		0.333	0.646	1.009	1.601	2.367
	50	0.06	0.534	0.704	1.084	1.703
		0.2	0.569	0.8245	1.207	1.72
		0.333	0.025	0.891	1.294	1.754
		0.3	0.588	0.775	0.958	1.214

从大量计算机模拟及实际测定结果得出：σ 估计值 2/3 偏小、1/3 偏大。因此，β 取 0.3 的概率来纠偏。以多种实际产品的大、小样本数据进行了检验，结果表明：β 取 0.3 时所求得的纠偏系数是合理的。

本方法通过计算机模拟求取了不同样本量、不同刺激量个数时 $\hat{\sigma}$ 的纠偏系数，见表 7－6 和表 7－7。

表 7－6　正态分布纠偏系数 ε

n	S			
	4	5	6	7
20	0.543	0.854	1.289	1.956
25	0.544	0.799	1.165	1.67
28	0.546	0.796	1.093	1.543
30	0.555	0.785	1.07	1.515
31	0.559	0.781	1.058	1.479
32	0.559	0.779	1.037	1.448
33	0.563	0.777	1.034	1.434
34	0.567	0.776	1.027	1.401
35	0.567	0.776	1.023	1.38
38	0.569	0.771	0.99	1.329
40	0.57	0.768	0.987	1.3
42	0.571	0.767	0.971	1.271

（续）

n	S			
	4	5	6	7
45	0.575	0.766	0.959	1.243
48	0.576	0.765	0.944	1.213
49	0.576	0.764	0.939	1.207
50	0.577	0.764	0.936	1.193

表7-7 逻辑斯蒂分布纠偏系数 δ

n	S			
	4	5	6	7
20	0.597	0.938	1.464	2.226
25	0.597	0.865	1.299	1.852
28	0.597	0.863	1.186	1.743
30	0.597	0.838	1.179	1.663
31	0.598	0.838	1.1 7	1.632
32	0.598	0.823	1.139	1.607
33	0.598	0.82	1.143	1.594
34	0.598	0.818	1.114	1.542
35	0.599	0.818	1.115	1.529
38	0.599	0.816	1.065	1.46
40	0.599	0.807	1.052	1.414
42	0.599	0.796	1.043	1.368
45	0.599	0.791	1.037	1.331
48	0.600	0.805	1.003	1.304
49	0.600	0.805	0.999	1.304
50	0.600	0.802	0.99	1.293

5. 纠偏后升降法 σ 估计值的模拟统计分析

通过计算机模拟对采用本纠偏系数进行纠偏后的参数估计值进行统计分析。

假设感度分布为正态分布 $N(10, 1)$，步长取0.8、0.9、1，$X_0=10$，每组试验量取50，每次模拟共进行三组升降法试验。首先求出每组升降法数据的极大似然估计，应用表7－6、表7－7得到的纠偏系数分别对每一组升降法 σ 估计值进行纠偏；然后求取三组纠偏后的 σ 估计值的平均值，作为这一次升降法试验的 σ 估计值；最后把该 σ 估计值与感度分布真值进行比较，并进一步计算出比真值大0～10%、10%～20%、20%～30%、30%～40%、40%～50%及50%以上的次数及比例，以及比真值小0～10%、10%～20%、20%～30%、30%～40%、40%～50%及50%以下的次数及比例。模拟10000次，纠偏后结果见表7－8。

表7－8 纠偏后结果统计分析

步长	成功次数	偏大次数	偏大比例/%	偏大0～10%次数	偏大0～10%比例/%	偏大10%～20%次数	偏大10%～20%比例/%	偏大20%～30%次数	偏大20%～30%比例/%	偏大30%～40%次数	偏大30%～40%比例/%	偏大40%～50%次数	偏大40%～50%比例/%	偏大50%以上次数	偏大50%以上比例/%
0.8	9816	9165	93.4	2345	23.9	3456	35.2	2378	24.2	792	8.07	164	1.67	30	0.31
0.9	9586	9416	98.2	1263	13.2	2896	30.2	3079	32.1	1614	16.8	458	4.78	106	1.11
1	9168	9136	99.7	514	5.61	2027	22.1	3060	33.4	2355	25.7	927	10.1	253	2.76
步长	成功次数	偏小次数	偏小比例/%	偏小0～10%次数	偏小0～10%比例/%	偏小10%～20%次数	偏小10%～20%比例/%	偏小20%～30%次数	偏小20%～30%比例/%	偏小30%～40%次数	偏小30～40%比例/%	偏小40%～50%次数	偏小40%～50%比例/%	偏小50%以上次数	偏小50%以上比例/%
0.8	9816	651	6.63	619	6.31	31	0.32	1	0.01	0	0	0	0	0	0
0.9	9586	170	1.77	166	1.73	4	0.04	0	0	0	0	0	0	0	0
1	9168	32	0.35	32	0.35	0	0	0	0	0	0	0	0	0	0

从表7－8可以看出：原先纠偏前 σ 估计值有2/3是偏小的；经过纠偏后，多数情况下 σ 估计值偏大。例如：当步长为0.8时，93.4%的 σ 估计值是偏大的；当步长为0.9时，98.2%的估计值是偏大的；当步长取1时，99.7%的 σ 估计值是偏大的。σ 估计值略微偏大，符合可靠性评估仿应偏保守的要求。

7.2.4 火工品的感度分布类型研究

火工品在某一武器系统中起作用时，作用前和作用过程中都处于特定的环境中，火工品的内部装药对环境应力有敏感作用。火工品感度定义为对外来刺激的敏感程度，或对外来刺激敏感程度的度量。

使用火工品时，总是通过施加一定形式的外界刺激能量导致发火。这类能量既可以是热能、机械能、电能，也可以是冲击波、光辐射等其他能量。在使用火工品时除施加刺激外，在生产、运输和贮存过程中不可避免地要经受能量刺激（意外的）。因此，研究产品对于各种刺激形式的感度成为产品性能评定的重要项目。特别是产品可靠性和安全性的评定，都以感度特性为基础。

火工品是成批生产的，各个产品单元的敏感性各不相同。比如，某种型号的一批雷管，各单个雷管在试验或使用中敏感性总表现出差异。因此，感度是一个统计性的概念，代表整批产品的统计敏感性。

用于表示感度的指标有50%发火点、发火上/下限、对应于规定刺激量值的发火率以及感度曲线等。这些指标都表现出感度的统计特性，需用统计方法进行试验研究和数据处理。

临界刺激量是感度试验研究中统计方法的出发点。临界刺激量对于一定的刺激形式，是每个火工品固有的数值，而不是外界施加的刺激量值。临界刺激量是一批火工品的固有特征，是对批火工品敏感性的最恰当表示。对于一批火工品，只有所含各个火工品的临界刺激量的集合体，才能给出火工品敏感性的最全面的表征。用以表征整批火工品敏感性的临界刺激量集合体符合数理统计学的总体概念，称它为总体。各产品单元的临界刺激量称为个体。一个总体，对于任意给定的刺激量范围，如区间（a，b），所含个体临界刺激量在总体中占有确定的百分数，“区间-百分数”的对应关系就是总体的分布。它描述了一批产品中临界刺激量的分布规律。它也是感度最确切的含义，称为感度分布。

感度分布是临界刺激量 x_c 作为随机变量的分布。如果从整批产品中随意抽取一组火工品，其临界刺激量的取值将遵从某种感度分布规律。因此，临界刺激量是一个随机变量，感度分布就是临界刺激量的分布。通常，火工品的批量都相当大，可以把其临界刺激量 x_c 看作连续型随机变量。这一连续型随机变量的分布为感度分布。对于一个实在的总体，如某批实际火工品，可为它的感度分布取一个近似的分布模型。

感度分布是进行火工品可靠性设计与评定过程的基础。如用计量法评定火工品的可靠性时，常假设火工品的感度分布类型。尤其是火工品的小样本可靠性评估中，火工品感度分布起着很重要的作用。许多研究，如升降法、兰利法和WU方法等都首先假定感度分布类型，然后进行参数估计，最后外推评定产品的可靠性。如果错误选择感度分布类型，会给可靠性研究带来较大的误差。如当分布类型假设错误时，计算出的发火下限可能会成为负值。因此，探索和研究我国型号火工品感度曲线的近似形式是非常重要的。目前，根据工程经验可知，火工品感度分布类型主要有正态分布、对数正态分布、逻辑斯蒂分布和对数逻辑斯蒂分布。

采用多个产品对火工品的感度分布类型进行了检验，检验步骤：首先根据GJB/Z 377A—94《感度试验用数理统计方法》的规定对产品进行步进法试验；然后分别进行直方图检验和χ^2拟合优度检验；最后得到该产品的最接近的感度分布类型。

1. 直方图检验原理

直方图是用样本求总体分布的概率密度函数近似图形的图解法。可以通过直方图观察感度分布的形状和对称性等特征，推断分布模型。

画直方图的一般步骤：将样本分组，计算样本值落入各区间的频数并分别除以区间长度作为小矩形的高，依次在各个区间上画出小矩形。

感度数据具有独特性，不能直接得出临界刺激量的值，因此无法计算样本值落入各区间的频数。画感度数据直方图的方法：以相邻两刺激量点x_i、x_{i+1}为小矩形的底，以$(f_{i+1}-f_i)/(x_{i+1}-x_i)$为小矩形的高，依次画出各个小矩形。

2. 感度分布 χ^2 拟合优度检验原理

根据试验频率和理论频率有无显著性差异来推断感度数据是否服从某一感度分布假设。

统计值$\chi^2=\sum_{i=1}^{k}\frac{(n_i-N_ip_i)}{N_ip_iq_i}$，自由度$v=k-r$。取显著性水平$\alpha$，计算$\chi^2_{1-\alpha}(v)$，与统计值比较：如果前者大于后者，拒绝原假设；否则，接受原假设。

下面以某电雷管为例说明分布类型检验过程。

某电雷管技术指标要求：发火上限刺激量700mA。根据GJB/Z 377A—94《感度试验用数理统计法》中对步进法试验的规定进行了试验，试验数据见表7－9。

表7－9　某电雷管步进法试验数据

刺激量	280	295	310	325	340	355	370	385	400
试验量	200	200	200	200	200	200	200	200	200
发火数	1	3	9	31	78	144	185	192	200
发火率 r	0.5	1.5	4.5	15.5	39	72	92.5	96	100

从表7－9可见，$r_1<r_2\leqslant r_3\cdots\leqslant r_{k-1}<r_k=1$，满足GJB/Z 377A—94《感度试验用数理统计法》中规定的步进法试验完成的条件。

以x为横坐标，$y=\frac{r_{i+1}-r_i}{x_{i+1}-x_i}$为纵坐标画直方图如图7－3所示，粗略推断感度分布类型。

图7－3表明，其感度分布大致为对称分布，可初步推断服从正态分布或逻辑斯蒂分布。

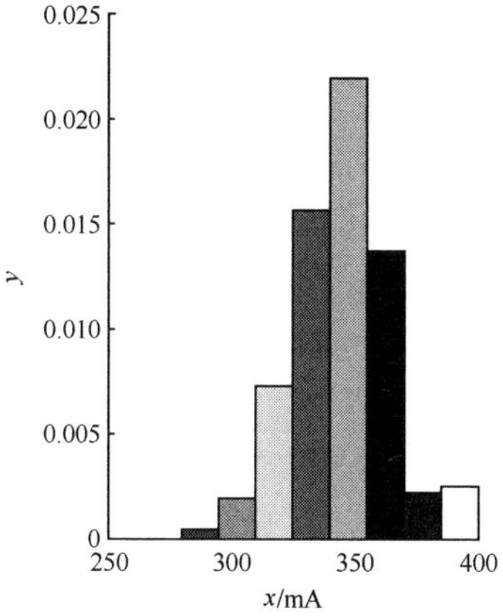

图 7－3 某电雷管感度分布直方图

χ^2 检验进一步确定感度分布类型，检验结果见表 7－10。

表 7－10 某电雷管 χ^2 检验结果

	正态分布	对数正态分布	逻辑斯蒂分布	对数逻辑斯蒂分布
$\chi^2_{0.05}$	14.0671	14.0671	14.0671	14.0671
χ^2	11.4959	21.9698	4.1844	6.0155

由表 7－10 可见，四种火工品常见分布假设有三种都通过了 χ^2 检验；但在相同条件下，根据逻辑斯蒂分布假设计算得到的 χ^2 最小。因此，判定某电雷管感度分布最接近逻辑斯蒂分布。

共进行了 19 种产品的检验，检验结果见表 7－11。

表 7－11 火工品感度分布类型检验结果

产品	大样本产品数	感度分布类型	产品	大样本产品数	感度分布类型
1 号电点火头	2200	逻辑斯蒂分布	54 号雷管	1800	对数正态分布
3 号电点火头	1900	逻辑斯蒂分布	26 号火帽	2000	对数正态分布
8 号电点火具	2000	逻辑斯蒂分布	51 号针刺雷管	2200	对数正态分布
8 号电雷管	1800	逻辑斯蒂分布	3 号甲撞击火帽	2800	对数正态分布
7 号甲电点火头	2300	逻辑斯蒂分布	4 号针刺雷管	2000	对数正态分布
1 号电爆管	1800	逻辑斯蒂分布	51A 针刺雷管	4000	对数正态分布
16 号电点火管	2000	逻辑斯蒂分布	76A 针刺雷管	2800	对数正态分布
6 号电底火	1600	逻辑斯蒂分布	D6 底火	9550	对数正态分布
DD12A 电点火头	2100	逻辑斯蒂分布	7 号火帽	1600	对数正态分布
2 号电撞两用底火	2400	逻辑斯蒂分布	—	—	—

7.3 火工品可靠性计量－计数综合评估方法操作程序

7.3.1 计量试验

1. **预备工作**

如果刺激量使发火率随刺激量增大而下降，那么在设计感度试验前对刺激量做如下变换：

$$新刺激量 = L - 原刺激量$$

其中：L 充分大，使得新刺激量恒取正值。

确定“发火”及“不发火”的判据。

判定感度分布的类型。

如果已知产品的感度分布类型，就取其确定的感度分布类型；否则，撞击类火工品取对数正态分布，电火工品取逻辑斯蒂分布。对于对数正态分布和对数逻辑斯蒂分布，要先做对数变换。

2. **升降法预试验**

以正态分布为例，取 30 发样品按 GJB/Z 377A—94《感度试验用数理统计法》规定的方法 103 的 3.1 进行一组升降法试验，并按该国军标 4.1 正态分布的单组试验进行数据处理，求出总体参数 $\hat{\mu}$ 、$\hat{\sigma}$ ；也可按极大似然估计原理求取 $\hat{\mu}$ 、$\hat{\sigma}$ 。

3. **升降法试验**

按预试验结果初步选定初值和步长，进行三组试验，每组样本量为 50 发。下一组试验的参数（初值和步长）可以根据前一组或前几组的试验结果进行调整，尽量使每组试验数据的步数出现在 5 步或 6 步，当然出现 4 步或 7 步也是允许的。

4. **升降法试验数据处理**

按正态分布的单组试验数据处理方法或极大似然估计原理，分别求出对应每组升降法试验数据的参数估计值 $\hat{\mu}$ 、$\hat{\sigma}$ ，并求出 $\hat{\mu}$ 的三组平均值 $\bar{\hat{\mu}}$ ，然后分别对三组 $\hat{\sigma}$ 按表 7－6 或表 7－7 分别对不同试验步数进行纠偏，再求出纠偏后的三组平均值 $\bar{\hat{\sigma}}$ 。

7.3.2 计数试验

1. **试验样本量的确定**

本小样本方法根据研究结果推荐的计数试验样本量见表 7－12，该试验样

本量包括失败数 $f=0$ 的样本量。对特殊产品，也可由产品达成协议的各方根据产品设计、工艺、性能、管理等可靠性信息共同确定计数试验样本量 n_{X_A}。

表 7－12 计量－计数综合评估方法在不同失败数情况下的计数试验样本量

R	$1-\alpha$	$f=0$
0.99	0.9	4
	0.95	5
0.999	0.9	22
	0.95	29

2. 试验刺激量的确定

(1) 按 GJB 376—87《火工品可靠性评估方法》理论试验刺激量 X 的确定。由计量试验求得分布参数 $\overline{\hat{\mu}}$、$\overline{\hat{\sigma}}^*$，然后由可靠性指标 $1-a$、R 从 GJB 376—87《火工品可靠性评估方法》查取 $f=0$ 处的 n。由于试验的独立性，若以 p 表示每次试验成功的概率，则可由 p^n 和 $1-a$ 的关系解得 p，即为 GJB 376—87《火工品可靠性评估方法》理论可靠度刺激量 X 的可靠度置信上限 R_U。查标准正态分布表，可得 u_{R_U}，则 GJB 376－87《火工品可靠性评估方法》理论试验点为

$$X=\overline{\hat{\mu}}+u_{R_U}\overline{\hat{\sigma}}^* \tag{7-24}$$

(2) 与 X 可靠性试验信息量等值试验点 X_H 的确定。由 $\overline{\hat{\mu}}$、$\overline{\hat{\sigma}}^*$ 和由产品达成协议的各方根据产品设计、工艺、性能、管理等可靠性信息确定计数试验样本量 n_{X_H}，再由试验信息量等值基本方程求出 R_{X_H}，然后查标准正态分布表得分位数 $u_{R_{X_H}}$。则等值试验点为

$$X_H=\overline{\hat{\mu}}+u_{R_{X_H}}\overline{\hat{\sigma}}^* \tag{7-25}$$

(3) 与技术指标试验刺激量 X_t 可靠性试验信息量等值试验刺激量 X_{H_t} 的确定。由 $\overline{\hat{\mu}}$、$\overline{\hat{\sigma}}^*$ 先求 X_t 的分位点，由 $X_t=\overline{\hat{\mu}}+u_{R_{X_t}}\overline{\hat{\sigma}}^*$，可得

$$u_{R_{x_t}}=\frac{X_t-\overline{\hat{\mu}}}{\overline{\hat{\sigma}}^*} \tag{7-26}$$

查标准正态分布表，得技术指标规定试验点对应的可靠度 R_{x_t}。

再由试验信息量等值基本方程求出 $R_{X_{H_t}}$，然后查标准正态分布表，得分位数 $u_{R_{X_{H_t}}}$，则可求得与技术指标规定试验点试验信息量等值试验点 X_{H_t}，即火工品可靠性计量－计数综合评估方法试验点：

$$X_{H_t}=\overline{\hat{\mu}}+u_{R_{X_{H_t}}}\overline{\hat{\sigma}}^* \tag{7-27}$$

3. 评估试验与结果判断

取确定的试验样本量 n_{X_H} 发，在试验刺激量 X_{H_t} 处做试验，若全发火，停

止试验，则判断产品达到了可靠性指标。

7.4 火工品可靠性计量－计数综合评估方法应用案例

用火工品可靠性计量－计数综合评估方法评估某针刺雷管的可靠性。

某针刺雷管是配合某子弹系列而研制的。可靠性指标要求：$1-\alpha=0.9$，$R\geqslant 0.999$；发火能量为球重7g，落高8cm。

按GJB/Z 377A—94《感度试验用数理统计方法》规定的方法103进行了三组升降法试验，试验数据见表7－13。

表7－13　三组升降法试验数据

序号	感度数据（刺激量/cm，发火数/发，不发火数/发）					
1	2.2，0，3	2.6，3，9	3.0，9，7	3.4，7，4	3.8，4，2	4.2，2，0
2	2.2，0，7	2.6，7，12	3.0，12，5	3.4，5，1	3.8，1，0	—
3	2.2，0，2	2.6，2，13	3.0，13，9	3.4，8，2	3.8，1，0	—

1. 计量试验数据处理

（1）根据经验，该产品临界刺激量应服从对数正态分布。

（2）利用极大似然估计原理求出参数估计值，见表7－14。

表7－14　三组升降法参数估计结果（对数值）

序号	$\hat{\mu}$	$\hat{\sigma}$
1	1.12	0.26
2	1.02	0.15
3	1.08	0.13

（3）刻度参数纠偏。按表7－6，根据刺激量个数对每组刻度参数值进行纠偏，得到纠偏后的三组升降法参数估计值的平均值（对数值）为

$$\overline{\hat{\mu}}=1.07,\overline{\hat{\sigma}^{*}}=0.22$$

（4）等值点计算。根据可靠性试验信息量等值原理计算等值点。经计算，得到发火上限等值点为6.5cm。

（5）设计裕度系数计算。经计算，得到发火可靠度设计临界点为6.9cm，而发火指标为8cm，则可得出该产品的发火上限的设计裕度系数为1.16。

2. 计数试验

在6.5cm处试验产品22发，全部发火。

3. 结果判定

试验结果表明：该产品的可靠度达到了$1-a$指标要求。

参考文献

[1] 周源泉. 可靠性评定［M］. 北京：科学出版社，1994.

[2] GJB376—87. 火工品可靠性评估方法［S］. 北京：国防科工委军标出版发行部，1987.

[3] Robbins H，Monro S. A Stochastic Approximation Method［J］. Annals of Mathematical Statistics，1951，22（3）：400－407.

[4] Langlie H J . A Reliability Test Method for One－Shot Item［J］. Aeronutronic Publication No. U－1792，1962.

[5] Seymour K E. One Shot Sensitivity Test for Extreme Percentage Points：ARO－D Report 74－1［R］. America：US Army Research Offices，1974：386－396.

[6] Barry A B ，Henry B T Ngey . Extreme Quantile Estimation in Binary Response Models［R］. AD－A220150，1990.

[7] 刘宝光. 敏感度数据分析与可靠性评定［M］. 北京：国防工业出版社，1995.

[8] 蔡瑞娇. 火工品设计原理［M］. 北京：北京理工大学出版社，1999.

[9] Wetherill G B . Sequential Estimation of Quantal Response Curves［J］. Journal of the Royal Statistical society，Ser B，1963，25（1）：1－48.

[10] Lai T L，Robbins H . Adaptive Design and Stochastic Approximation［J］. Annals of Statistica，1979，7（6）：138－163.

[11] LEHMANN E L. Theory of Point Estimation［M］. Beijing：World Publishing Crop. ，1990.

[12] Tanner M A. Tools for Statistical Inference［M］. New York ：Springer Verlag Inc. ，1993.

[13] 董海平. 燃爆产品可靠性评估方法研究［R］. 北京：北京理工大学，2003.

[14] 刘宝光. 徘徊法及其在感度评定中的应用［J］. 战斗部通讯，1977（1）：75－92.

[15] 严楠. 感度试验设计方法的若干研究［D］. 北京：北京理工大学，1996.

[16] 曹建华，蔡瑞娇，田玉斌. 计算机模拟升降法感度试验的新研究［C］. 火工品及相关药剂、烟火剂（含民用烟花）发展研讨会论文集，中国兵工学会火工烟火专业委员会，2002.

[17] Liu Baoguang. A Modified Up－and－Down Method and Its Application in the Assessment of Reliability and Safety of Explosives［C］. Proceedings of the 5th International Conference on Reliability and Maintainability，1986：602－605.

[18] 刘宝光. 用升降法数据作可靠性评定［J］. 火工品，1992（3）：9－14.

[19] 田玉斌. 敏感性产品可靠性研究［D］. 北京：北京理工大学，2000.

[20] 董海平，赵霞. 基于信息量等值的火工品可靠性评估小样本方法［J］. 兵工学报，2011，32（5）：554－558.

[21] 董海平，董笑，张天飞，等. 加严条件下火工品高可靠性试验验证［J］. 北京理工大学学报，2013：33（3）：221－224.

[22] GJB6478—2008. 火工品可靠性计量－计数综合评估方法［S］. 北京：国防科工委军标出版发行部，2008.

[23] GJB8185—2015. 火工品可靠性评估信息熵等值鉴定与验收［S］. 总装备部军标出版发行部，2015.

[24] 董海平，蔡瑞娇，严楠，等. 计算机模拟升降法试验随机数产生与统计检验［J］. 爆炸与冲击，2004，24（1）：49－53.

[25] 翟志强，蔡瑞娇，董海平．计算机模拟步进法感度试验研究［J］．火工品，2005（5）：8－11.
[26] 蔡瑞娇，翟志强，董海平，等．火工品可靠性评估试验信息熵等值方法［J］．含能材料，2007，15（1）：79－82.
[27] 蔡瑞娇，翟志强，董海平，等．升降法试验标准差估计的偏差研究［C］．中国航空学会可靠性专业委员会第十届学术年会论文集，2006.
[28] 董海平，蔡瑞娇，穆慧娜．火工品可靠性计量－计数评估方法的有效性研究［J］．含能材料，2008，16（5）：553－556.
[29] 蔡瑞娇，董海平．一种火工品可靠性评估的新方法——浅释 GJB6478—2008［J］．航空兵器，2009（1）：46－49.
[30] 蔡瑞娇，温玉全，董海平．关于实施 GJB6478—2008 火工品可靠性计量计数综合评估方法［J］．火工品，2008（5）：49－53.
[31] 张天飞，蔡瑞娇，董海平，等．升降法试验下标准差 σ 评估的 Monte Carlo 分析［J］．火工品，2004，（2）：43－47.
[32] 郑航，蔡瑞娇，董海平，等．计数法和计量法的发展历程［J］．火工品，2003（4）：45－48.

《现代引信技术丛书》集中展示了近20年来我国在现代引信理论基础、设计方法和验证技术、工程制造等领域最权威、最先进成果，填补了国内引信基础研究的空白，汇集了大量创新理论、设计思想和创新方法。

——秦光泉

《现代引信技术丛书》具有自主知识产权的理论和技术，紧紧把握我军装备与技术发展的重大机遇，充分体现了引信发展中坚持需求牵引和技术推动相结合、机理研究和装备应用相结合及产学研相结合的原则。

——黄峥